漫画图解版

变 通
受用一生的学问

金铁　吴兰芳　编著

中华工商联合出版社

图书在版编目（CIP）数据

变通：受用一生的学问 / 金铁，吴兰芳编著. -- 北京：中华工商联合出版社，2025. 6. -- ISBN 978-7-5158-4315-5

Ⅰ．B848.4-49

中国国家版本馆CIP数据核字第2025HA4958号

变通：受用一生的学问

编　　著：	金　铁　吴兰芳
出品人：	刘　刚
责任编辑：	吴建新　关山美
封面设计：	冬　凡
责任审读：	付德华
责任印制：	陈德松
出版发行：	中华工商联合出版社有限责任公司
印　　刷：	三河市华成印务有限公司
版　　次：	2025年6月第1版
印　　次：	2025年7月第1次印刷
开　　本：	720mm×1020mm　1/16
字　　数：	90千字
印　　张：	14
书　　号：	ISBN 978-7-5158-4315-5
定　　价：	42.00元

服务热线：010—58301130—0（前台）

销售热线：010—58302977（网店部）
　　　　　010—58302166（门店部）
　　　　　010—58302837（馆配、新媒体部）
　　　　　010—58302813（团购部）

地址邮编：北京市西城区西环广场A座
　　　　　19—20层，100044

投稿热线：010—58302907（总编室）

投稿邮箱：1621239583@qq.com

工商联版图书

版权所有　侵权必究

凡本社图书出现印装质量问题，请与印务部联系。

联系电话：010—58302915

前　言

　　水随形而方圆，人随势而变通。水无形，故可以随着盛装它的器皿变化；人要顺势，须懂得适时变通。纵观古今，无论是帝王将相，还是贩夫走卒；无论是工商巨贾，还是平民百姓，都需要在动态变化的世界中走完自己的一生，而成功者大多是敢于变通、善于变通、会变通的人。因此，学会变通，就等于拥有了生存立世之本。

　　因循守旧，只能故步自封。观念的束缚，认知的局限，使人们受到许多的限制，这些限制束缚了人的创造力。自古至今，无论两军对垒、商场夺市，还是事业谋划，获胜的一方总是大胆应变、不拘常理变招，输掉的一方则多因顽固不化、因循守旧。愚公移山，其执着精神固然可嘉，但如果变通一下，靠山吃山，修路架桥，既保证出行便利，又能享受山林的优美环境；项羽乌江自刎，虽霸气不减，但如果变通一下，过江重整山河，不知历史要写出多少豪情。生活像一条长河，当"山穷水尽"时，我们随机应变，另辟蹊径，于是出现了"柳暗花明"；当"失之东隅"时，我们通权达变，旁敲侧击，于是"得之桑榆"；当"穷途末路"时，我们临机应变，以退为进，于是"回头是岸"。

　　做人、做事要学会变通，不能太死板，要具体问题具体分析，前面已经是悬崖了，难道你还要跳下去吗？不要被经验束缚了头脑，要冲出惯性思维的樊笼。学会变通，可以收获成功的人生。学会变通，就要换一种思维看待问题，从事物的表象挖掘事物的本质，尽可能找到新的突破口，切入新的思维方式，让思维变得灵活、高效。从古至今没有一个规则是能通古今的，总是在历史发展过程中不断变通。

　　古往今来，成败兴衰多少事，只有一条规律：**哪里有了变通，哪里就通向成功**。本文以漫画图解的形式，深入浅出地讲述变通的故事，传递变通的智慧，以期读者在阅读之后可以"穷则变，变则通，通则久"，灵活机动，顺势而为，把握生命的脉搏，立于不败之地。

目 录

PART 01
水随形而圆，人随势而通

道法自然，人法变通 1
定位，改变人生 1
自我设限注定碌碌无为 4
内心深处的自毁倾向 8
嘲笑青蛙，也在成为青蛙 10
"约拿情结"一定要克服 13

穷则变，变则通，通则久 15
遇强则迂，遇弱则攻 15
化劣势为优势 16
正视自己的缺陷 18
学会暂时妥协 20
避免正面冲突 21

PART 02
当无法改变世界时，你就改变自己

改变世界前，先改变自己 24
自制才能自由 24
愉悦自己，才是真正地爱自己 25
反击别人不如充实自己 26
莫因害怕"出丑"而禁锢生活 27

山不过来，你就过去 29
你比你认为的更伟大 29
人生并非定局，你也能改写 32
依赖别人，不如依靠自己 35
在压力中寻求动力 37
反方向游的鱼也能成功 38

PART 03
不变的是原则，万变的是方法

方法总比问题多 41
方法是解决问题的敲门砖 41
发现问题才有解决之道 43
不只一条路通向成功 45
变通地运用方法解决问题 48

方法对了，事情就成了 50
有了借口，就不再找方法了 50
扔掉"可是" 53
拒绝说"办不到" 55
只为成功找方法，不为问题找借口 57

PART 04
"命"不可变，但"运"可以变

命从心生，运由心转 60
想要梦想成真，首先学会不做梦 60
起点影响结果，但不会决定结果 62
专心让今天完美 65
把人生的绊脚石当成跳板 66
你可以不成功，但不能不成长 68

你决定不了出身，但可以把握命运 73
没有解决办法，那就改变问题 73
用能力打造自己的影响力 74
正视自己的情绪 76
逆境不是结局，而是过程 77

PART 05
你无法改变别人时，可以改变自己

你就是问题的根源 80
问题的 98% 是自己造成的 82
问题面前最需要改变的是自己 83
要学会清扫自己的心灵 85

接纳不完美的自己 88
你不可能让所有人满意 88
别太在意别人的眼光 90
自卑是对自己的束缚 94
相信自己才能成功 96

PART 06
过去无法改变，但可以把握今天

无法预知明天，但可以把握今天 99
太多人习惯生活在下一个时刻 99
过去只存在于你的印象里 101
为生存的每一天而喝彩 103

改变不了过去，但可以珍惜当下 105
好好活着是一种状态 105
终结抱怨，开启幸福之门 109
何必急于求成 110
不要预支明天的烦恼 112

PART 07
无法改变工作，但可以改变态度

你对了，世界就对了 114
带着怨气不如带着快乐工作 114
找到心中的使命感 116
蔑视工作就是否定自己 118
不只为工资工作，成长比成功更重要 120

与其抱怨别人，不如在自己身上找原因 122
工作中没有"不可能"，障碍都在你心里 122
能力有提升，工资自然会上涨 125
自己不努力，却抱怨别人抢得先机 127

PART 08
你可以平凡，但不能平庸

拒绝平庸，走向卓越 129
责任心是成功的关键 129
树立及时充电的理念 132
规划自己的职业生涯 134
自动自发地工作 136

行动起来，一切皆有可能 138
行动永远是第一位的 138
业精于勤，荒于嬉 140
避免好高骛远 141
克服拖延的毛病 143

PART 09
左右不了天气，但可以改变心情

做乐观的人 146
心小难成大器 146
不要让小事情牵着鼻子走 148
冷静从容地应对危难 150
在琐事之中获得生活的满足 152

告诉自己，我可以坚持　155
失败了也要昂首挺胸　155
坚强，唤起坚不可摧的希望　157
不放弃万分之一的成功机会　160
成功属于坚忍不拔的人　162

PART 10
灵活应变，才能路路畅通

以变应变，上乘变术　164
根据事情的变化采取行动　164
办事不要走极端　166
换个思路，变废为宝　167
除了妻儿，一切都要变　169
计划赶不上变化　171

面对危机，应变有道　174
隐藏自我，功成不居　174
随机转变，化险为夷　177
加之不怒，宠辱不惊　179
临危不乱，以智取胜　181
善意谎言，化险为夷　183

PART 11
没有办不到的事，只有不会变通的人

多想一步，巧思一分 185
没有笨死的牛，只有愚死的汉 185
三分苦干，七分巧干 187
没有办法就是没有想出新方法 189
找对方法，问题迎刃而解 191

做人不要太死板 196
做生意靠推销，做人也靠推销 196
三十六计，"走"为上策 198
勇敢站出来，不做沉默的大多数 200

PART 12
人生最怕自己框住自己

发散思维，变通为用 202
树立雄心，突破生命困境 202
每个人都需要一颗渴望成功的心 204
大成功来自高层次的自我驱动 206

突破常规，灵活变通 208
执着不一定是好事 208
想改变命运，先改变自己 210

PART 01
水随形而圆，人随势而通

道法自然，人法变通
定位，改变人生

一个乞丐站在地铁出口处卖铅笔，一名商人路过，向乞丐的盒子里投入几枚硬币，匆匆而去。

过了一会儿,商人回来取铅笔,乞丐感到诧异。

几年后,商人有一次参加高级酒会,遇见一位衣冠楚楚的先生向他敬酒致谢。这位先生说,他就是当初卖铅笔的乞丐。

一个人的发展在某种程度上取决于自己对自己的评价,这种评价有一个通俗的名词叫定位。在心中你把自己定位成什么,你就是什么,因为定位能决定人生,定位能改变人生。上面的故事也告诉我们:当你定位于乞丐,你就是乞丐;当你定位于商人,你就是商人。

纪伯伦在其作品里讲了一个狐狸觅食的故事。狐狸欣赏着自己在晨曦中的身影,立志要抓一头骆驼。

整个上午,狐狸奔波着,寻找骆驼。

但当正午的太阳照在狐狸的头顶时,它再次看了一眼自己的身影,认为自己能抓到一只小老鼠就不错了。

狐狸之所以犯了两次相同的错误,与它选择"晨曦"和"正午的阳光"作为镜子有关。晨曦拉长了它的身影,使它错误地认为自己就是万兽之王,并且力大无穷无所不能;而正午的阳光让它对着自己缩小了的身影妄自菲薄。

不能正确地评价自己,做好定位,朝着正确的方向前进,是人成功道路上的一堵墙。正确的做法应该是正确认识自己,找准人生的坐标,改变错误的思维模式。当然,定位准确了,还要有健康的心态和不懈的努力,这样才会取得成功。

自我设限注定碌碌无为

人的悲哀不在于不去努力,而在于总爱给自己设定许多的条条框框,这种条条框框限制了人想象的空间、创造的潜能、奋进的范围。看似一天到晚都在忙碌,实际上给自己套上了可怕的"金箍罩",最终注定碌碌无为。

PART 01　水随形而圆，人随势而通　5

科学家做过一个有趣的试验。他们把跳蚤放在桌上，一拍桌子，跳蚤立即跳起，跳起的高度均在其身高的 100 倍以上，堪称世界上跳得最高的动物。

然后，科学家把跳蚤罩在一个玻璃罩里，再让它们跳。跳蚤第一次跳就碰到了玻璃罩，连续多次碰壁后，跳蚤改变了起跳高度以适应环境，每次跳跃高度总保持在罩顶以下。接下来，科学家逐渐改变玻璃罩的高度，使跳蚤都在碰壁后主动改变跳跃的高度。最后，玻璃罩接近桌面，这时跳蚤已无法再跳了。

于是，科学家把玻璃罩打开，再拍桌子，跳蚤仍然不会跳，变成"爬蚤"了。

跳蚤变成"爬蚤",并非它丧失了跳跃的能力,而是一次次的受挫使它学乖了,习惯了,麻木了。最可悲之处在于,实际上玻璃罩已经不存在了,它却连"再试一次"的念头都没有了。行动的欲望和潜能被它自己扼杀了!科学家把这种现象叫作"自我设限"。"自我设限"是人生的最大障碍,如果想突破它,我们必须不怕碰壁。

敢于打破自我设限，多一点超越，少一点盲从，世界就会不一样。任何人都应该有这样一种抱负，那就是在生命中做一些独特的、带有个人特征的事情，从而使自己免于平庸和世俗，使自己远离毫无目标、无精打采的生活。

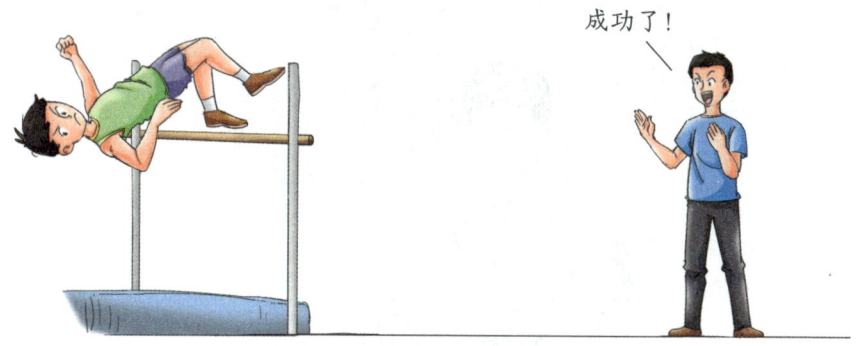

一位跳高运动员，一直苦练都无法越过某一个高度。教练对他进行了开导。

依照教练的话，运动员又跳了一次，果然跃过了。

内心深处的自毁倾向

心理学家指出，在每一个人的内心深处，多少都隐藏了一些自毁的倾向，这种内在情绪的冲动常常会驱使一个人做出危及自己的事情。而真正的成功者与一般人之间的一个重要区别在于，他们战胜了自己和内心的情绪，而一般人却不能。

有的人整天絮絮叨叨，看什么事都不顺眼，动不动就抱怨这个抱怨那个，好像所有人都做了对不起他的事。

有的人，生活漫无目标，整日无所事事，只会嫉妒别人的成就，自怨自艾，认为什么好运都不会落在自己的头上。

内心深处的自毁倾向常会驱使一个人做出危及自己的事情。譬如,抱怨不已、无所事事、不知节制等,这些都称得上是自毁行为。

"搬起石头砸自己的脚""自作孽,不可活"等话,描述的是一个人所犯的错误把自己逼往失败的境地。仔细想想,每一个人都难免会犯以上的错误,只不过有犯错严重程度的区别。而成功的人,总是愿意正视自己的缺陷,改变自己的自毁行为,不再继续自讨苦吃。

人们常常把失败的原因归咎于别人，其实很多问题都出在自己身上，很多麻烦都是自找的。想要不再与自己为敌，并且停止迫害自己，就要找出和解的方法。当然，你要努力去改掉多年的自毁习惯。当你一点一滴慢慢铲除这些障碍的时候，你就会发现，你已经不再是自己最大的敌人，而是自己最好的朋友。

嘲笑青蛙，也在成为青蛙

你一生都在井里，看到的只是井口大的一片天空，怎么能够知道外面的世界呢？

我从很远很远的地方来，而且还要到很远很远的地方去。

天空不就是那么大点吗？你怎么说是很遥远呢？

你从哪里来啊？

　　有一只青蛙生活在井里，那里有充足的水源，它对自己的生活很满意，每天都在欢快地歌唱。有一天，一只鸟飞到这里，便停下来在井边歇脚。青蛙主动跟鸟打招呼，它们交谈起来。青蛙听完鸟的话后十分惊讶，感到茫然和失落。

这是一个我们熟知的故事，或许你会感到好笑，但在现实生活中，仍可以见到许许多多的"井底之蛙"陶醉在自我的狭小领域中。这种自以为是的自足自得，会导致眼光的短浅和心胸的狭隘。信息的落后和自我张狂会让自己和现实离得越来越远。故步自封和过度的自我满足只会让你的世界越来越小，并时刻有被淘汰的危险。

科学家把一只青蛙冷不防丢进煮沸的油锅里，青蛙用尽全力，一下就跃出了滚烫的油锅。

半小时后，科学家在锅里放满冷水，然后把那只死里逃生的青蛙放到锅里，接着用炭火慢慢烘烤锅底。青蛙悠然地在水中享受"温暖"，等它感觉到承受不住水的温度，必须奋力逃命时，却发现为时已晚，欲跃无力。青蛙全身瘫痪，葬身在热锅里。

我们总是嘲笑青蛙，但你有没有想过，在现实生活中，你也许就是青蛙，只是你没有意识到而已。你每天准时上下班，每天按计划完成该做的事。害怕面对变化，更不愿增强自己的本领，去发挥自身的优势以适应变化，最终在安逸中消磨了生命的能量。

1730年，本杰明·富兰克林开始创办自己的印刷所。同年，他出版了费城的第一份报纸《宾夕法尼亚报》，大获成功。

1752年，本杰明·富兰克林进行了费城电风筝实验，并由此发明了避雷针。

本杰明·富兰克林是美国的政治家、科学家、印刷商和出版商、作家、发明家,以及外交官。他多方面的才能令人惊叹:参与起草了美国宪法,主张废除奴隶制度;进行多项关于电的实验,最早提出电荷守恒定律;出版了费城的第一份报纸;撰写的《试论纸币的性质和必要性》,第一次有意识地、明白而浅显地把交换价值归结于劳动时间的分析,表述了现代政治经济学的基本规律;设计了最早的游泳眼镜和蛙蹼,发明了口琴、摇椅……

像本杰明·富兰克林这样敢于尝试,并在各方面都显示出卓越才能的人是少见的。虽然我们不可能在各方面都有所建树,但如果我们敢于求新求变,试着涉足更广阔的领域,即使不能成功,也会使生活变得更加丰富多彩。你应该相信:**你还可以做好很多事情。**

"约拿情结"一定要克服

"约拿情结"是美国心理学家马斯洛提出的一个心理学名词。简单地说,约拿情结就是对成长的恐惧。它来源于心理动力学理论上的一个假设:"人不仅害怕失败,也害怕成功。"其代表的是一种机遇面前自我逃避、退后畏缩的心理，是一种情绪状态，并导致我们不敢去做自己能做得很好的事，甚至逃避发掘自己的潜力。

小明作为校运动会的替补队员，对于正式队员的不良表现，他感到愤愤不平。他觉得要是自己上场一定能夺冠，他太渴望成功了。

不过，当小明真正可以上场时，他又畏惧了，他总是忍不住想：要是失败了该怎么办呢？

有时心生恐惧是自然现象，只有亲身行动才能将恐惧消除。在不安、恐惧的心态下仍勇于作为，是克服神经紧张的处方，它能使人在行动之中获得活泼与生气，渐渐克服恐惧心理。只要不畏缩，有了初步行动，就能带动第二、第三次的出发，如此一来，心理与行动都会渐渐走上正确的轨道。

穷则变，变则通，通则久

遇强则迁，遇弱则攻

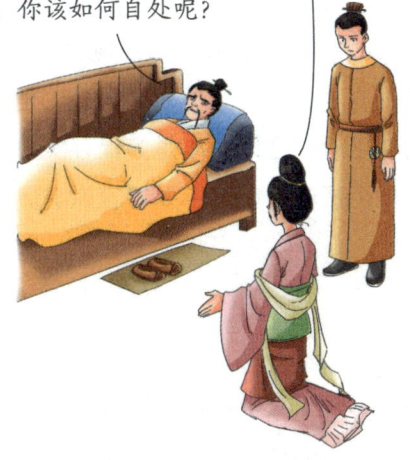

③好！那你即日出宫吧！

②妾蒙圣上隆恩，本该以一死来报答。但圣躬未必即此一病不愈，所以妾才迟迟不敢就死。妾只愿现在就削发出家，长斋拜佛，到尼姑庵去日日拜祝圣上长寿，聊以报效圣上的恩宠。

①朕这次患病，一直医治无效，病情日日加重，眼看着是起不来了。你在朕身边已有不少时日，朕实在不忍心撇你而去。朕死之后，你该如何自处呢？

唐太宗李世民自知大限将至，为确保李家江山的长久，想要让武媚娘为自己陪葬。他当着太子李治的面问武媚娘。武媚娘一下子就听出了自己身临绝境的危险。她心里清楚，只要能保住性命，就不怕将来没有出头之日。

②我要不主动说出去当尼姑，只有死路一条。留得青山在，不怕没柴烧。只要殿下登基之后，不忘旧情，那么我总会有出头之日……

③原来如此，这枚玉佩你收下……

①你不能出家，不要离开我。

太子李治不愿武媚娘出家，遂前往劝说。听了解释，李治佩服武媚娘的才智，当即解下一个九龙玉佩，送给媚娘作为信物。后来，李治登基不久，武媚娘就被召入宫中。

遇事硬顶不是灵活之人的办事策略，"遇强则迂，遇弱则攻"才是上策。仔细分清形势是否有利，慎之又慎地做出是攻是迂的决定。在情况危急，自己无力扭转之时，迂回撤离是为保存实力。假如形势并非很危险，再坚持一下就会成功，就绝不要轻言撤退。所以，做出这种决定必须要慎之又慎。

化劣势为优势

"金无足赤，人无完人。"相对来说，一个有些缺点的人往往更加真实可信，也更容易得到别人的认可。而那些总是精于巧妙地包装自己，总在人前表现出完美形象的人却往往会因为名不副实而遭人唾弃。所以，真正精明的人常常有意承认或透露一些自己无关紧要的缺点，这也是变通做事的一种方法。

一家大型企业正在招聘，因待遇优厚，一周之内便收到了几百封求职信。招聘人员筛选之后留下了十几个简历。这十几个简历千篇一律，都是在描述自己有什么优点、取得了什么成就。只有一个简历很特别，上面既写了自己的优点，也写了缺点。招聘人员很感兴趣，决定邀他来面试。

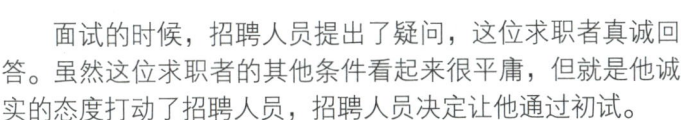

面试的时候，招聘人员提出了疑问，这位求职者真诚回答。虽然这位求职者的其他条件看起来很平庸，但就是他诚实的态度打动了招聘人员，招聘人员决定让他通过初试。

暴露或坦白自己的缺点也要讲究策略，不能把自己的缺点和盘托出，这样做不但达不到预想效果，反而会破坏自己的形象。最好的办法是适当透露自己的缺点，不要让人感觉你一无是处。

正视自己的缺陷

每个人都存在缺点，解决缺点的最佳途径之一是变通思维，寻找出路而不是堵上路。正视缺点，听取别人的意见，只有这样，我们才能把事情做好，才能让自己独特的生命绽放光彩。

有一只猫，它会时不时地犯一些错误，它深知自己的不足和缺点，然而它不敢直面这些，相反，对于自己的缺陷总是百般掩饰。

后来,这只猫掉到了河里,同伴们打算救它,谁知它竟然说自己没危险。于是,同伴们不再担心它,结果,同伴们走后,这只猫再也没有从水里出来。

这只猫是可怜又可悲的。其实许多人跟这只猫是非常相似的:他们思想死板,总认为自己的缺点是见不得阳光的,不能勇敢面对,于是极力去掩盖,自欺欺人,永远活在竭力掩饰和痛苦自卑当中。

人的缺陷有的是与生俱来的,无法加以改变;有的则是因后天环境导致的;有的则与品性无关,纯粹是一种外在的客观条件,如美与丑、胖与瘦。

缺陷会成为助力还是成为阻力,取决于你如何看待它们。是正视,还是掩饰;是积极面对,还是消极悲观;是扬长避短,还是破罐破摔。不同的心态,不同的看待,将是你人生成败的关键因素。正视你的缺陷,才能改变它;正视你的缺陷,才能发现你的优势;正视你的缺陷,才能不至于一错再错。

学会暂时妥协

妥协意味着屈服,意味着委曲求全,令人很没面子。所以,很多人宁可折断腰杆,也绝不肯让面子有丝毫的损失。当然,不妥协是一种气节,也是一种生活态度,无可非议。但是,在某种情况下,暂时妥协一下,也未尝不可。因为有时候,妥协是双方或多方在某种条件下达成损益不对等的结果,它是一种暂时性的策略,是一种韬晦之法。

汉高祖刘邦死后吕后主政。匈奴冒顿单于想趁机攻打汉朝,便送来一封信,想激怒吕后挑起战事。吕后阅信后大怒,大将樊哙提议出兵抗击匈奴,季布却反对。

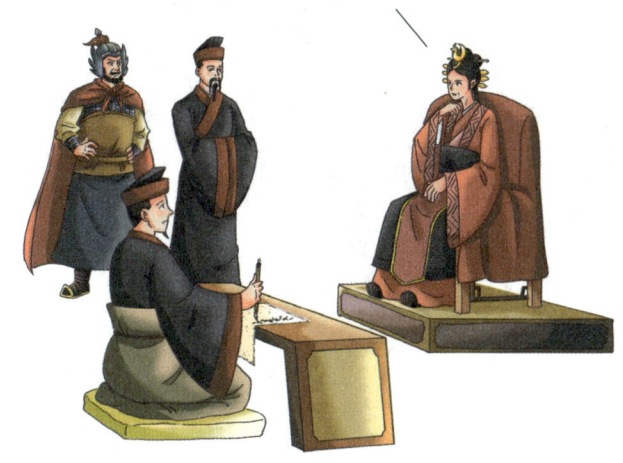

写回信：大王不忘怀于我，给我来信……想我年老色衰，发齿脱落，行步失度，哪配得上大王您呢？现在奉上我平日乘坐的御车两辆，良马八匹，给大王乘坐……

吕后冷静下来，觉得季布的话很有道理，于是命人写了一封非常谦卑的信。冒顿见了此信，找不到出兵的借口，只好暂时打消了大举入侵中原的念头。

妥协是通往成功的曲折道路，是在冷静中窥视时机，然后准确出击的智慧。当然，妥协也需要把握火候，适度进行。如果一味地采取妥协的态度，那么即使受尽了委屈，也不一定能得到求全的结果，反而会让自己陷入更危险的境地。只有在采取进攻手段实在不能奏效的时候使用这一策略，才能收到最好的成效。

避免正面冲突

生活中，有一些人性格强硬，经常与他人产生正面冲突，有点"生死看淡，不服就干"的劲头。这对于事情的解决毫无益处。

从孟先生到职任行政经理的第一天开始,刚任这家外企公司驻京办事处代经理的许先生就对他十分戒备。

许先生为了保住自己的职位,自恃在公司的资格老,便经常在大大小小的事情上找孟先生的茬,有一次竟当着全体员工的面因为一点小事对孟先生大发脾气。孟先生对此尽管十分生气,但很有涵养的他并没有与许先生发生正面冲突。

半年后，在公司全体员工的推选下，孟先生正式被公司委派任办事处经理。而许先生却因失去了人心，非但没有升职，反而在公司也无法再待下去了，只能辞职走人。

许先生的失败之处在于他并不清楚，没有老板会把一个心胸狭隘、与同事矛盾重重的人放到最重要的职位上。如果他能采取另一种更积极的方法，比如与孟先生进行良好的沟通与协调，多向他学习一些管理之道，同时注意与其他同事的交往方式。那么，凭着他在公司的资历，老板又有什么理由不让他坐稳这个办事处经理的职位呢？

与人硬碰硬永远是最愚蠢的做法，往往让自己头破血流，还招致他人的轻看。而选准时机运用以退为进的战术，才不失为取胜的策略。

PART 02
当无法改变世界时，你就改变自己

改变世界前，先改变自己
自制才能自由

② 我的家乡在美国西雅图州，当地的法律规定，公民年满21岁才能饮酒，我今年才19岁，还未到饮酒的年龄。虽然我身在国外，也应该遵守美国法律。

① 这是我们这里的名酒，怎么不尝尝呢？

③ 噢，原来如此。

寒假，美国留学生唐娜应邀到女同学小菁的老家过年。大年初一，小菁家准备了一桌丰盛的酒席招待唐娜。席上，小菁父亲特意以当地名酒款待唐娜，可是唐娜只是礼貌地举杯，却滴酒不沾。得知原因，大家都为唐娜的自我克制所触动，对这个19岁的美国姑娘十分赞赏。

古代圣贤说"克己",也就是自制。有较强自制力的人,能够战胜自我。如果遇到祸害,他们也能够泰然处之,化祸为福,让自己快乐。美酒的味道很香,唐娜却不为之心动。这是在没有任何外界压力下的一种自制行为,是在自觉地履行道德上的某种义务。可见,唐娜在自制方面做得很好。

愉悦自己,才是真正地爱自己

③ 只有体内强大的生命力才能战胜像绳索造成的那样终生的创伤,而不是自己毁掉这宝贵的生命。对于人,有很多解忧的方法。在痛苦的时候,找个朋友倾诉,找些活干。对待不幸,要有一个清醒而客观的全面认识,尽量抛掉那些怨恨、妒忌等情感负担。有一点也许是最重要的,也是最困难的,你应尽一切努力愉悦自己,真正地爱自己。

② 60年前,庄园主种下这些树,他在树间牵拉了粗绳索。对于嫩弱的幼树,这太残酷了,因为创伤是终生的。有些树面对残忍现实,能与命运抗争,而另一些树消极地诅咒命运。结果就完全不同了。咱们眼前这些粗壮的树看不出什么疤痕,真是奇迹!

① 我的人生毫无希望……

基尔　　智者

由于破产和从小落下的残疾,基尔感觉人生已索然无味了。基尔找到智者倾诉。智者听了基尔的诉说,让基尔看窗外的树。听了智者的话,基尔明白自己该怎么做了。

在遭遇困苦时，乐观的人总会努力想办法让自己快乐起来，让精神的伤痛远离自己。因为他们明白，愉悦自己，才是真正地爱自己。

反击别人不如充实自己

1864年，诺贝尔在一次实验中遭遇了巨大的失败，他的工厂被炸毁，5名助手和弟弟不幸丧生，警察局封锁了现场并严禁他重建工厂。面对这样的困境，诺贝尔没有选择反击或抱怨，而是选择了低头实干。

这年秋季，诺贝尔成功发明硝化甘油的稳定炸药，并配套雷管技术。这一发明在爆炸学上具有重大意义。随着工业化进程的加快，雷管的需求量大增，诺贝尔也因此获得了巨大的成功。

诺贝尔的故事告诉我们，面对困难和挑战，通过努力提升自己、充实自己，比直接反击更能有效地解决问题。

生活中，当我们遭到冷遇时，不必沮丧，不必愤恨，唯有尽全力赢得成功，才是最好的反击。当有人刺激了我们的自尊心，伤害到我们的心灵时，强烈批驳别人不如思考自己什么地方还需要完善。

反击别人，除了互相伤害以外，谁都不会得到任何好处。就算我们将对方驳得一无是处，那又怎样？只是使对方自惭形秽、觉得低人一等罢了。我们伤了对方的自尊，对方不会心悦诚服地承认我们的胜利。即使对方不得不承认我们胜了，但他们心里会从此埋下怨恨的种子。所以，不如努力提升自己，用事实改变别人的看法。

莫因害怕"出丑"而禁锢生活

茜茜读书时网球打得不好，所以老是害怕打输，不敢与人对垒。茜茜有一个同班同学乐乐，她的网球比茜茜打得还差，但她不怕被人打下场，越是输越要打。

后来，乐乐成了令人羡慕的网球手，成了大学网球代表队队员。而茜茜的网球技术仍然很蹩脚，她根本不敢参加网球社团活动。久而久之，她人也变得孤僻起来。

厉害是令人羡慕的，出丑总使人感到难堪。但是，厉害是在无数次出丑中练就的，不敢出丑，就很难厉害起来。

生活中有些人总是拒绝学习新东西，他们因为害怕"出丑"，宁愿错过自己的机会，限制自己的乐趣，禁锢自己的生活。若要改变自己的生活，总要冒出丑的风险。不要担心出丑，否则你就会无所作为，而且更重要的是你同样不会心绪平静、生活舒畅。我们应该记住这一点，由于害怕出丑，我们会为失去许多机会而感到后悔。我们应该记住这样一句谚语：一个从不出丑的人并不是一个他自己想象的聪明人。

山不过来，你就过去
你比你认为的更伟大

诗人沃尔特·惠特曼家境贫困，只读了约六年书便辍学进入了印刷厂做学徒。工作虽然辛苦，却没有阻止他爱上浪漫的诗歌，他像发疯一样，没日没夜地写。1855 年，他自费出版了诗集，他兴奋地拿了样书回家。弟弟乔治只是翻了一下，就弃之一旁。他的母亲也是一样，根本没有读过它。一个星期之后，他的父亲因病去世，也没有看过儿子的作品。

作者的诗作违背了传统诗歌的艺术。他不懂艺术,正像畜生不懂数学一样!

拿开!我不需要!

我是不是根本就不是写诗的料?

浮夸、自大、庸俗……

惠特曼拿诗集出去卖,但几乎无人购买。他只好把这些诗集送人,但也没有得到什么好结果。著名诗人朗费罗、霍姆斯等人对此不予理睬,诗人惠蒂埃把他收到的那本干脆投进火里。社会上的批评更是铺天盖地,对惠特曼大肆辱骂。波士顿《通讯员》甚至写他是个"疯子""除了给他一顿鞭子,我们想不出更好的办法"。连他的服装、相貌都成为被嘲笑的对象,"看他那副模样,就能断定他写不出好诗来"。铺天盖地的嘲笑和谩骂声,像冰冷的河水,浇灭了惠特曼所有的激情。他失望了,开始怀疑自己。

PART 02　当无法改变世界时，你就改变自己　31

爱默生

爱默生先生觉得我的诗还不错呢！

亲爱的先生，对于才华横溢的诗集，我认为它是美国至今所能贡献的最了不起的聪明才智的精华。我在读它的时候，感到十分愉快。它是奇妙的、有着无法形容的魔力，我为您的自由和勇敢的思想而高兴……

就在惠特曼几近绝望时，远在马萨诸塞州的诗人爱默生被他那创新的写法、不押韵的格式、新颖的思想内容打动了。爱默生随即写了一封信，给这些诗以极高的评价。这真诚的夸奖和赞誉，一下子点燃了惠特曼心中那将要熄灭的火焰。他从此坚定了自己写诗的信念，一发而不可收，最终成为著名诗人。

当惠特曼沉浸在失望的痛苦中时，他没有意识到自己正在创造奇迹，而他最终成为伟大的诗人之一。

很多时候，我们并不能完全了解自己。所以，在灾难发生时，我们才会有惊人的爆发力；在处于险境时，我们才能挖掘出以前没有意识到的潜能。我们比自己想象中的更伟大，所以不要低估自己、认为自己很糟糕，而应该多给自己一份信心。

人生并非定局,你也能改写

小花出生在一个穷山沟,四五岁时生母离开家,她跟着外出打工的父亲生活。当时,他们住的房子没有自来水,距离打水的地方有几百米,六七岁的小花,又瘦又矮,每天拎着大桶水到家,生火、炕烧、热水。

八九岁时,继母来了,小花的生活变得提心吊胆起来。有一次吃饭,继母和父亲、弟弟坐在炕上,小花伸手夹菜,继母突然出手打了她。

什么奖状？一会儿把这儿打扫干净！

那是我的奖状！

小花的学习成绩非常好，经常考全班第一名。有时小花把奖状拿回家，继母好像见不得她成绩好，总是用打火机把奖状烧掉，留下一地灰烬让小花扫干净。

这闺女不是上学的料，您让她来做服务员吧……

小花上初一那年，继母认为她没必要继续读书了。他的父亲联系亲戚，给小花找了份饭店服务员的工作。

小花16岁时，父亲在车祸中去世。后来，她陆续做过网吧收银员、电话销售、快递客服、行政等十几份工作，还发过小广告，被骗进过传销组织。一次偶然的机会，客户建议聪明的小花继续接受教育。然后，小花开始了自考之路。她每天都在学习，内心有超强的驱动力。最终，小花获得了北京大学心理学本科学历。接着，小花申请了香港理工大学的研究生。在接受记者采访时，小花告诉我们："只要努力，我们每个人都可以活出个名堂。"

很多人这样抱怨：我很想做一番事业，可是没有贵人相助；如果我出生在显赫的家庭，就一定不会像现在这样生活了……面对生活的不如意，我们总是抱怨环境，抱怨命运，可是我们忘了，**真正决定我们生活的，并不是命运，而是我们自己。**

虽然我们无法选择自己的出身、父母和家庭，但是，我们绝对有办法选择自己后半生的路、生活环境或者生活方式。命运不是一成不变的，所以即使我们曾经承受了很多苦痛，现在也许正在经受着生活的折磨，但是只要你敢于改变，敢于付出，你就一定能改写自己的命运。

依赖别人，不如依靠自己

④那也要坚持站起来，重新爬上马车。

②你摔疼了吗？

③是的，我感觉站不起来了。

①爸爸，快来扶我。

美国前总统约翰·肯尼迪的父亲在肯尼迪小时候很注意对他独立性格和凡事靠自己的精神的培养。有一次，他赶着马车带肯尼迪出去游玩。在一个拐弯处，因为马车速度太快，猛地把肯尼迪甩了出去。当马车停住时，肯尼迪以为父亲会下来把他扶起来，但父亲却没有动，而是让他自己站起来。

人生就是这样,跌倒、爬起来、奔跑,再跌倒,再爬起来,再奔跑。在任何时候都要靠自己,没人会永远扶着你。

你知道我为什么让你这么做吗?

嗯?

肯尼迪挣扎着自己站了起来,摇摇晃晃地走近马车,艰难地爬了上来。听了父亲的话,肯尼迪若有所思地点点头。从那以后,他不再依赖别人,即使他当上了总统,也依然保持着凡事靠自己的做事风格。

在我们身边,很多人都存在极强的依赖心理,习惯依靠"拐杖"走路,在别人的关照之下生活。这些人经常持有的一个最大的谬见,就是以为他们永远会从别人不断的帮助中获益,而且他们相信,不管遇到什么事情,总会有人出来帮助他们。

没有什么比依靠他人更能破坏独立自主的精神了。如果你依靠他人,你将永远坚强不起来,也不会有独创力。要相信,你就是主宰自己一切的人,即使驾着的是一匹羸弱的老马,但只要马缰握在你的手中,你就不会陷入人生的泥潭。

在压力中寻求动力

美洲虎是一种濒临灭绝的动物,其中有一只生活在秘鲁的国家动物园。为保护这只虎,秘鲁人在大自然里单独圈出 1500 英亩的山地修了虎园,让它自由生活。参观过虎园的人都说,这儿真是虎的天堂。奇怪的是,没有人见过老虎捕捉猎物,也没见它威风凛凛从山上冲下来。它常躺在装有空调的虎房,吃了睡,睡了吃。

虎园经理听了游客的建议,将三只豹子投进虎园。这一招果然灵验,自从豹子进了虎园,美洲虎不再整天吃吃睡睡,日渐精神抖擞起来。没想到,天敌竟可以激起动物生活的信心。

许多人视对手为心腹大患，视异己为眼中钉、肉中刺，恨不得除之而后快。其实，能有一个强劲的对手，反而是一种福分、一种造化，因为一个强劲的对手会让你时刻都有危机感，会激发你更加旺盛的精神和斗志。

敌人的力量会让一个人发挥出巨大的潜能，创造出惊人的成绩。在日新月异的时代，你必须时刻具有危机意识，在压力中寻找动力，天天学习，经常充电，这样才不至于落伍。

反方向游的鱼也能成功

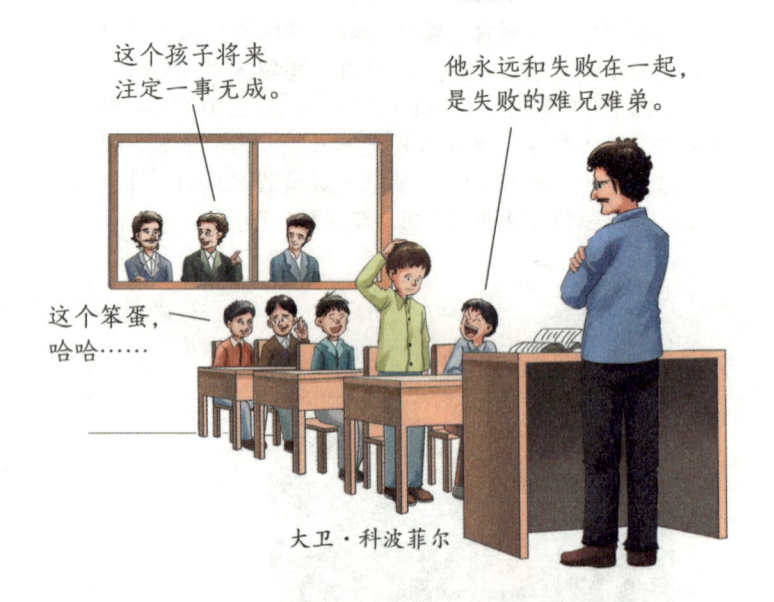

> 这个孩子将来注定一事无成。

> 他永远和失败在一起，是失败的难兄难弟。

> 这个笨蛋，哈哈……

大卫·科波菲尔

美国魔术师大卫·科波菲尔小时候是个腼腆内向的孩子，和他一样大的孩子都不喜欢和他在一起，因为他什么也不会。每次考试，他都是倒数几名。老师不想让他回答问题，因为他总是羞涩地说"不知道"。周围的人总是嘲笑他，大卫·科波菲尔的父母听到这样的话，暗暗为他担心。

有一次，父亲要带大卫·科波菲尔出门，目的地是波士顿。父亲决定两个人分头走，让大卫·科波菲尔先走，半个小时后会合。大卫·科波菲尔出发了，途中，他几次回头却始终没有看到父亲的身影。可是，等大卫·科波菲尔到达目的地的时候，父亲已经在那里了。他十分惊讶父亲是如何到达的。听了父亲的解释，他猛然醒悟。

天才啊！

孩子终于找到适合自己的事了。

　　后来，大卫·科波菲尔克服了心中的怯懦，在父母的鼓励、支持下开始学习自己感兴趣的魔术。他在这方面具有很高的悟性，学得很快。不久，老师的技巧便被他学光了，他不得不换老师。就这样，短短的两年时间里，他换了四个魔术老师。多年后，大卫·科波菲尔成了家喻户晓的魔术师。

　　前方没有出路的时候，我们可以选择转身，因为在后方，我们同样可以续写更多、更好、更完美的篇章。但是，这说起来容易，做起来却是很难的。因为在生活中，人们一旦形成了某种认知，就会习惯性地顺着这种定式思维去思考问题，习惯性地按老办法想当然地处理问题，不愿也不会转个方向解决问题，这是很多人都有的一种误区。这种人的共同特点是习惯于守旧、迷信盲从，所思所行都是唯上、唯书、唯经验，不敢越雷池一步。而要使问题真正得以解决，往往要学会变通，将思维反转过来。

PART 03

不变的是原则，万变的是方法

方法总比问题多

方法是解决问题的敲门砖

美国前总统罗斯福在参加总统竞选时，竞选办公室为他制作了一本宣传册，在这本册子里有罗斯福总统的相片和一些竞选信息，而且要马上将这些宣传册印刷出来。可就在要分发这些宣传册的前两天，突然传来消息说这本宣传册中的一张图片的版权出现了问题。

我们将在总统竞选的宣传册中放一张罗斯福总统的照片,贵照相馆的一张照片也在备选之列。由于有好几家照相馆都在候选名单中,所以我们决定借此机会进行拍卖,出价最高的照相馆会得到这次机会。如果贵馆感兴趣的话,可以在收到信后的两天内将投标寄出,否则将丧失竞价的机会。

一般情况下的做法是派人去这家照相馆协调,以最低的价格买下这张照片的版权。可是竞选办公室并没有这样做,他们打电话告知该照相馆。

恭喜您!

很荣幸我们的照片能被使用……

结果,很快竞选办公室就收到这家照相馆的竞标和支票。这本来是一个应向对方付费的问题,由于找到了合适的方法,却变为对方付费的问题。

美国成功学励志专家拿破仑·希尔说:"你对了,整个世界就对了。"当你的工作或生活出现问题的时候,换一种方法,换一种思路,事情就会豁然开朗,因为,方法是完美解决问题的敲门砖,方法对了,一切问题就能迎刃而解。

发现问题才有解决之道

亚历山大·贝尔的父亲是一位嗓音生理学家,并且是矫正说话、教授聋人的专家。贝尔继承父亲的职业抱负,一生都致力于帮助别人。一天,他在家修理电器时偶然发现,当电流接通或截断时,螺旋线圈会发出噪音。于是,他陷入思考。

贝尔的设想遭到许多人的讥笑,说他不懂电学才会有如此奇怪的想法。贝尔的确一点也不懂电学,但他并没有放弃,而是千里迢迢前往华盛顿,向美国著名的物理学家、电学专家约瑟夫·亨利请教。亨利对他的想法给予了充分肯定,并鼓励贝尔去学习电学知识。

约瑟夫·亨利的肯定对贝尔产生了很大的影响,他一心扎入发明电话的试验中。他刻苦用功地学习着电学知识。两年后,世界上第一部电话,由贝尔试验成功。

爱因斯坦说："发现问题，提出问题，比解决问题更重要……因为解决问题也许仅是一个数学上或实验上的技能而已，而提出新的问题、发现新的可能性，从新的角度去看旧的问题，都需要有创造性的想象力，而且标志着科学的真正进步。"

解决问题的能力对于个人或是事物的发展和成功都是必不可少的，但发现问题有时甚至比解决问题来得更重要。解决问题是个人能力的综合，而发现问题更是个人水平的体现。成功需要人们寻找解决问题的方法，但成功更需要我们有超越他人的发现问题的能力。亚历山大·贝尔的成长经历就是很好的例子。

不只一条路通向成功

你们依靠气压表，得到这座塔的高度。原则是，只要达到目的，什么方法都可以，但创造性最强的为胜。

看塔人

物理学家、工程学家和画家三个人讨论谁的智商高。他们互不服气，最后决定通过一场比赛来评判三人的智力水平。主考官把他们领到一座塔下，并给了他们每人一只气压表。

记录气压表落到地面所需的时间,再根据自由落体公式,就可算出塔的高度。

物理学家

比试的三人,职业不同,知识结构也不同,各人用的方法自然也各不相同。物理学家不慌不忙地登上塔顶,探出身来,看着手表的秒针,轻轻松手让气压表自由落下。运用自己的知识进行计算,很快有了结果。

得到塔底和塔顶气压的差值,再根据每升高12米气压下降1毫米汞柱的公式,就可计算出塔的高度。

工程学家

工程学家尤其高兴,觉得这对他来说再简单不过了。他在塔底测量了大气气压,登上塔顶又测量了一次气压,很快得出答案。

画家既没有物理学家的学识，也没有工程学家的经验，不过，他很镇定。他发挥想象力，找到了办法：他将气压表送给看塔人作为交换条件，让看塔人到储藏间把塔的设计图找出来。就这样，画家得到了图纸，拂去设计图上的灰尘，得到了塔的精确高度。比赛的结果可想而知，画家获得了胜利。

没有什么问题的解决方式是唯一的。如果此路不通，那么可以适时地转换思路和方法，转走他路，这样，往往能得到意想不到的效果。我们都应记住这句话：通向成功的路不只一条。

变通地运用方法解决问题

杰森是一家公司的部门经理,他面临一个两难的境地:一方面,他非常喜欢自己的工作,而且他的职务使他的工资只增不减。另一方面,他非常讨厌他的上司,经历多年的忍受,他发觉情况已经到了忍无可忍的地步。

经过慎重思考之后,杰森决定找猎头公司重新谋一个别的公司部门经理的职位。

回到家中，杰森把这一切告诉了母亲。他的母亲是一个教师，那天刚刚教了学生如何重新界定问题。她把课上的内容讲给了杰森听，这给了杰森很大启发，一个大胆的想法即刻在他脑中浮现了。

第二天，杰森来到猎头公司，这次他是请猎头公司替他的上司找工作。不久，杰森的上司接到了猎头公司打来的电话，请他去别的公司高就。尽管他完全不知道这是他的下属和猎头公司共同努力的结果，但正好这位上司对于自己现在的工作也厌倦了，所以没有考虑多久，他就接受了这份新工作。上司走后，杰森申请了上司的职位，他成功了。

变通地运用方法解决问题的人，都是能够主动创新的人，也是最受欢迎的人。凡取得卓越成就之人无不深知变通之理，无不熟谙变通之术。

方法对了，事情就成了
有了借口，就不再找方法了

你这是书生意气，只会纸上谈兵。现在全国都在普及有线电视，天线的滞销是大环境造成的。……公司在甘肃还有近5000套库存，你有本事推销出去，我的位置让你坐！

没问题！我就不信质优价廉的产品连人家小天线厂也不如，偌大的甘肃难道连区区5000套天线也推销不出去！

人家的天线三天两头在电视上打广告，咱们公司的产品毫无知名度，我看这库存的天线真够呛。

咱们公司的天线今不如昔，原因颇多，但总结起来或许是我们的销售策略和市场定位不对……

李部长

大刘

　　一家天线公司的销售业绩不好。总裁来到营销部，让员工们针对天线的营销工作各抒己见，畅所欲言。营销部李部长及其他同事都在抱怨。总裁让新来的大刘说说自己的看法，大刘提了很多条建议都很中肯。但是，李部长觉得大刘的话在暗示营销部的无能，就将了他一军，没想到大刘接受了挑战。

PART 03　不变的是原则，万变的是方法　51

> 咱们厂的天线知名度太低，一年多来仅仅卖掉了百来套，还有4000多套在各家分店积压着……

几天后，大刘赶到甘肃分公司。分公司项目员一见面就向他大倒苦水。

> ××农场由于地理位置的关系，买的彩电都成了摆设……

接下来，大刘跑遍了兰州几个规模较大的商场，有的即使是代销也没有回旋余地，因此几天下来毫无收获。正当沮丧之际，某报上的一则读者来信引起了大刘的关注。

我们这里夏季雷电较多，以前常有彩电被雷电击毁，不少天线生产厂家也派人来查，都知道问题出在天线上，可查来查去没有眉目，使得这里的几百户人家再也不敢安装天线了，所以几年来这儿的电视机形同虚设。

大刘赶赴报纸上说的那个农场。原来，那则消息是农场场长写的。大刘拆了几套被雷击的天线，发现自己公司的天线与他们的毫无二致，也就是说，他们公司的天线若安装上去，也免不了重蹈覆辙。大刘绞尽脑汁，终于发现问题真相，原因是天线放大器的集成电路板上少装了一个电感应元件。找到了问题的症结，一切都可以迎刃而解了。

这种天线我们也需要啊！

很厉害啊，年轻人！

大刘在天线上全部加装了感应元件，并将这种天线先送给农场场长试用了半个多月。期间曾经雷电交加，但场长的电视机却安然无恙，于是，这个农场订了大刘500多套天线。同时，农场场长把大刘的天线推荐给存在同样问题的其他农场，原先库存的天线很快售完。一个月后，大刘返回公司。李部长主动辞职，公司任命大刘为营销部部长。

大刘之所以成功,是因为他没有跟着李部长找借口推脱责任,而是积极地寻找解决问题的方法。反之,李部长失败了,因为他只是一味寻找借口,而不去寻找方法,自然要被找方法而不找借口的大刘取而代之。

平庸的人之所以平庸,是因为他们总是找出种种理由来欺骗自己。而成功的人,会想尽一切方法来解决困难,而绝不找半点借口让自己退缩。**没有任何借口**,是每个成功者走向成功的通行证。

扔掉"可是"

可是这是遗传的呀!我们一家人的记忆力都不好,我爸爸、我妈妈将它遗传给我。因此,我在这方面不可能有什么出色的表现。

卡耐基太太,我希望你不要指望你能改进我对人名的记忆力,这是绝对不可能的事。

你的问题不是遗传,是懒惰。你觉得责怪你的家人比用心改进自己的记忆力容易。你不要把这个"可是"当作你的借口,等我证明给你看。

为什么不可能?我相信你的记忆力会相当棒!

卡耐基夫人

一次,美国人际关系专家戴尔·卡耐基先生的夫人姚乐丝·卡耐基,在她上的训练学生记人名的一节课后,一位女学生跑来找她。

随后的一段时间里,卡耐基夫人专门训练这位学生做简单的记忆练习,由于她专心练习,学习的效果很好。卡耐基夫人打破了这位学生认为自己无法将记忆力训练得优于父母的想法。这位学生就此学会了从自身找缺点,学会了自己改造自己,而不是找借口。

"可是"这个借口是人们回避困难、敷衍塞责的挡箭牌,是不肯自我负责的表现,是一种缺乏自尊的生活态度。扔掉"可是"这个借口,让你没有退路,没有选择,这样,你的潜能才会最大限度地发挥出来,成功也会在不远的地方向你招手。

拒绝说"办不到"

文文在一家建筑公司任设计师,常常要跑工地、看现场,还要为不同的客户修改工程细节,异常辛苦,但她仍主动地做,毫无怨言。虽然她是设计部唯一的女性,但她从不因此逃避强体力的工作。

有一次,老板安排文文做一个设计方案,时间只有三天,这是一件很难做好的事情。接到任务后,文文看完现场,就开始工作了。三天时间里,她食不知味,寝不安枕,满脑子都想着如何把这个方案弄好。她到处查资料,虚心向别人请教。

三天后,文文准时把设计方案交给老板,得到了老板的肯定。因做事积极主动、工作认真,老板不但给她升了职,还将她的工资涨了几倍。

"办不到"是许多人最容易寻找的借口。只要有"办不到"这个借口存在,人永远不可能出色。只要一个人拒绝说"办不到",他就会显出与别人不同的工作精神和态度,从而成就出色的事业。

只为成功找方法，不为问题找借口

凯文是一家机器公司的经理，公司面临一种极为尴尬的情况：财务发生了困难。这件事被负责推销的销售人员知道了，并因此失去了工作的热忱，销售量开始下跌。到后来，情况更为严重，销售部门不得不召集全体销售员开一次大会。

当销售员开始列举使凯文无法完成销售配额的种种困难时，他搬来一张桌子上，要求大家肃静。然后，他命令身边的一名小工友把擦鞋工具箱拿来，并要求这名工友把他的皮鞋擦亮。只见那位小工友不慌不忙地擦着鞋，表现出一流的擦鞋技巧。在场的销售员都惊呆了。

我希望你们每个人，好好看看这个小工友。他拥有在我们整个工厂及办公室内擦鞋的特权。他的前任的年纪比他大得多，尽管公司每周补贴擦鞋工工资，而且工厂里有数千名员工，但他的前任仍然无法保证自己的生活费。可是这个小工友不仅不需要公司补贴的工资，还可以赚到相当不错的收入。他和他的前任的工作环境完全相同，工作的对象也完全相同。我问你们，那个前任拉不到更多的生意，是谁的错？是他的错，还是顾客的错？

当然了，是那个前任的错！

皮鞋擦亮之后，凯文付给小工友报酬，然后发表他的演说。

我很高兴，你们能坦率承认自己的错误。你们的错误在于，你们听到了有关咱们公司财务发生困难的谣言，这影响了你们的工作热情，因此，你们不像以前那般努力了。只要你们回到自己的销售地区，并保证在以后 30 天内，每人卖出 5 台机器，那么，咱们公司就不会再发生什么财务危机了。你们愿意这样做吗？

正是如此。现在我要告诉你们，你们现在推销机器和一年前的情况完全相同：同样的地区、同样的对象以及同样的商业条件。但是，你们的销售成绩却比不上一年前。这是谁的错？是你们的错，还是顾客的错？

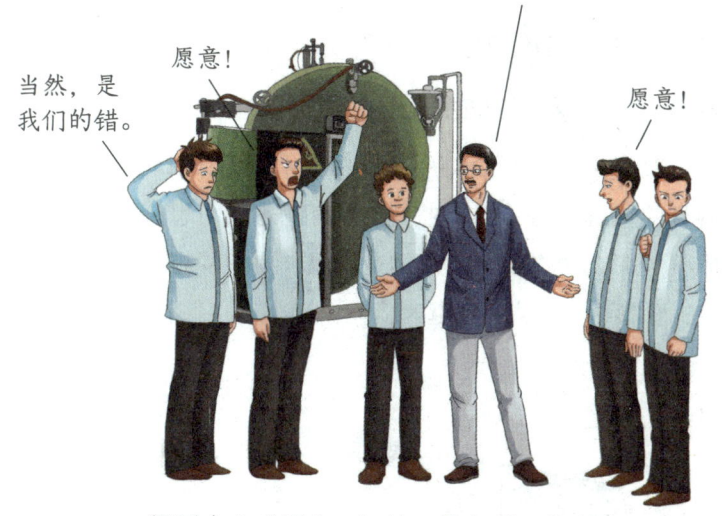

当然，是我们的错。

愿意！

愿意！

得到众人"愿意！"的回答之后，凯文停止了会议。后来，大家答应的果然办到了。那些他们曾强调的种种借口，如商业不景气、资金缺少、物价上涨等，仿佛根本不存在似的，统统消失了。

　　制造借口是人类本能的习惯，这种习惯难以打破。柏拉图说："征服自己是最大的胜利，被自己所征服是最大的耻辱和邪恶。"

　　卓越的人是重视找方法的人。在他们的世界里不存在"借口"二字，他们相信凡事必有方法去解决。事实也一再证明，看似极其困难的事情，只要用心寻找方法，必定会成功。杰出的人只为成功找方法，不为问题找借口，因为他们懂得：**寻找借口，只会使问题变得更棘手、更难以解决。**

PART 04
"命"不可变,但"运"可以变

命从心生,运由心转
想要梦想成真,首先学会不做梦

我们都需要华美的梦来装饰生活,但要实现这一个个美丽的梦,不单单是拥有梦想这么简单。如果只是拥有梦想,幻想着实现梦想后的美好与成就,那么梦想就只能永远是梦想。要想梦想成真,首先要学会不做梦,要脚踏实地去行动起来。

> 得赶快吃,有个问题还没思路……

20世纪五六十年代的一个清晨,陈景润从食堂打一壶开水,买几个馒头和一点小菜,回到他那6平方米的小屋,一干就是一整天。

> 每个大偶数可表示为一个素数及一个不超过两个素数的乘积之和……

傍晚，陈景润收听对外英语广播，然后又干到深夜。有时停电，他就点着煤油灯看书。他的房间只有简陋的家具，余下的就全是一堆一堆的草稿纸。他不看电影，不聊天，全部生活就是研究数学。

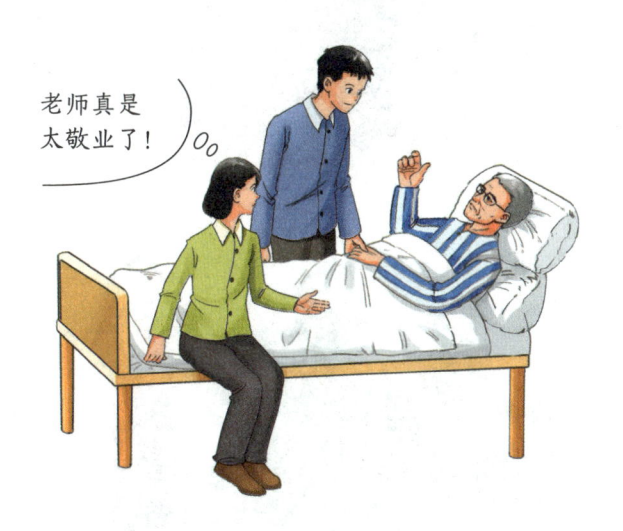

> 老师真是太敬业了！

陈景润很早就疾病缠身，在住院治疗期间，他也从不间断自己的工作。同志们去医院探望，都劝他暂时放一放手头的工作，他总是摇摇头。到了生命的后期，他已不能握笔，不能清晰地发声，但他仍用手势和含糊的语言，跟他的学生探讨数学问题。

若没有脚踏实地的孜孜以求,陈景润先生如何能在哥德巴赫猜想的研究上有重大突破,走在世界最前沿。

马克思说:"在科学上面没有平坦的大道,只有不畏劳苦沿着陡峭山路攀登的人,才有希望到达光辉的顶点"。充实每一个今天,日复一日地积累,就会让梦想成真。

起点影响结果,但不会决定结果

1. 行为
2. 习惯
3. 性格

1. 习惯
2. 性格
3. 命运

有一句谚语:"播种行为,收获习惯;播种习惯,收获性格;播种性格,收获命运。"

人无法选择自己的出身，很多时候也无力改变所处的环境，但人可以改变自己的思想和性格。起点可以影响结果，但不会最终决定结果，决定结果的是我们自己。当你遇到挫折时，可以让自己屈服，从此放弃努力，甘于过平庸的生活；也可以坚忍不拔地走下去，最终获得充实而卓越的人生。因此，只有把握自己的个性，才能真正把握自己的命运，把握自己的人生。

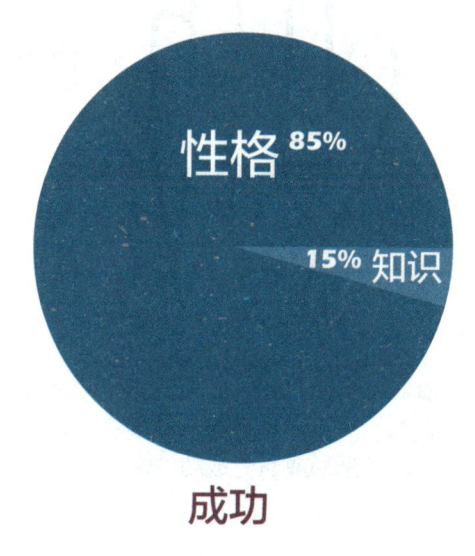

性格 85%

15% 知识

成功

戴尔·卡耐基有一个著名的理论：一个人的成功85%归于性格，15%归于知识。性格、意志、情绪等非智力因素在一个人的成长中起决定作用，而智力和知识并不是最重要的。

美国斯坦福大学某教授曾经对1000多名智商在140分以上的天才儿童进行过长达几十年的跟踪研究。在研究中，他把这些人中最有成就的150人和成就最低的150人进行了比较。他们在智力上相差甚微，而能否取得成就的原因主要在于性格特征的差别：自信或不自信，自卑或不自卑，坚毅或不能坚持，是否有较强的适应能力和实现目标的动机等。可见，成功与否是由自己决定的，命运如何是由性格决定的，性格即命运。

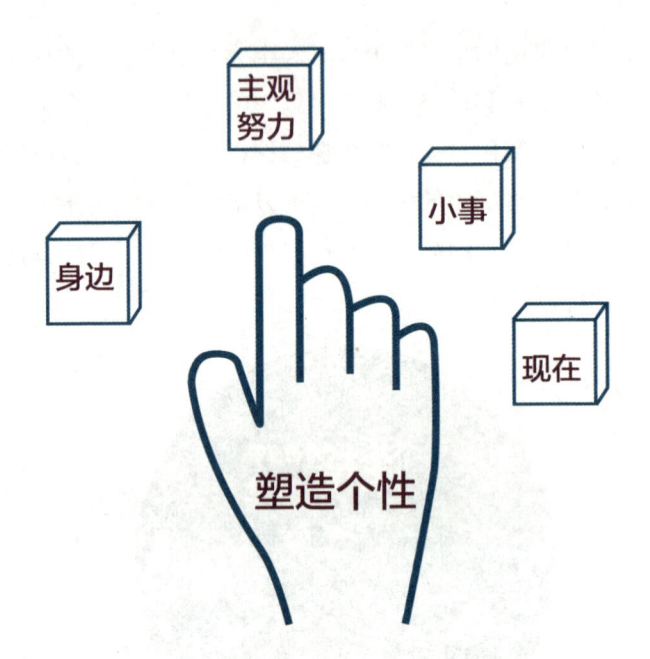

个性具有很大的可塑性。良好个性的形成离不开个人的主观努力。从小事做起，从现在做起，从身边做起，就可以逐渐形成通向成功的性格。

如果你认为自己不够关心别人，那么当你看到别人遇到困难时，主动地伸出你的手，尽你所能去帮助他们，这样一来，你就能逐渐养成乐于助人的性格。无论在学习或生活中，遇到挫折和困难，你都要时刻提醒自己坚持下去。以宽容之心对他人，以严格之心要求自己，不断地播下良好个性的种子，终能收获自己想要的命运。

专心让今天完美

有个小和尚,每天负责清扫寺院里的落叶。这实在是一件苦差事,尤其在秋冬之际,每一次起风时,树叶总随风飞舞。每天都需要花费许多时间才能清扫完树叶,这让小和尚头痛不已。

有个和尚知道了小和尚的烦恼,给他出了主意。小和尚觉得这是个好办法,于是他使劲猛摇树,这样他就可以把今天跟明天的落叶一次扫干净了。一整天,小和尚都非常开心。

傻孩子，无论你今天怎么摇动树枝，明天的落叶还是会飘下来。你只要把今天的落叶打扫干净就可以了！

第二天，小和尚到院子里一看，不禁傻眼了，院子里如往日一样满地落叶。老和尚走过来开导小和尚，小和尚终于明白了。

　　老和尚的话让我们明白一个道理，世上有很多事是无法提前的，唯有专心让今天完美，专注地把握今天才是最真实的人生态度，才是应对未来的有效方法。

　　一位作家说："当你存心去找快乐的时候，往往找不到，唯有让自己活在现在，全神贯注于周围的事物，快乐才会不请自来。"不管你正在下棋还是和朋友说话，或是观看落日，掌握此刻是一种幸福。

把人生的绊脚石当成跳板

　　世事无常，当我们碰到厄运的时候，当我们面对失败的时候，当我们承受重大灾难的时候，我们该怎样去面对呢？

PART 04　"命"不可变，但"运"可以变　67

当伽利略用望远镜观察天体，发现天体运行的奥秘时，教皇命令他改变主张，但是伽利略依然继续研究，并著书阐明自己的学说，他的研究成果后来终于获得了证实。

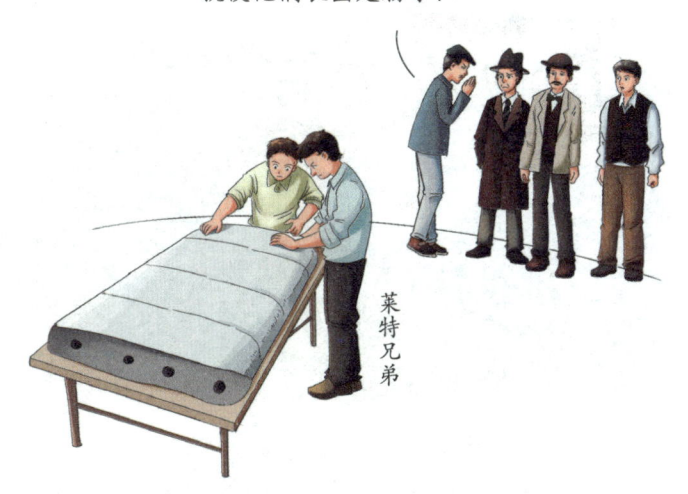

当莱特兄弟研究飞机的时候，许多人讥笑他们是异想天开，但是莱特兄弟毫不理会外界的说法，终于发明了飞机。

诸多事例表明，伟大的成就，常属于那些在大家都认为不可能的情况下，踢掉绊脚石，坚持到底的人。

平凡人总是把挫折当成挫折，当作自己前进的绊脚石，而非凡的人把人生中的挫折当成自己的跳板，借助跳板，跨越到更高的阶段。所以，**心存希望**，任何艰难都不会成为我们的阻碍。

你可以不成功，但不能不成长

你应该听说过，水只有流动才能保持新鲜的道理吧！我能成为河流就是因为我不躺在那儿做梦。我的水源源不绝，又多又清，年复一年地给人们带来幸福，因而赢得了光荣的名誉。或许我还要世世代代地流淌下去。那时候，你的名字就不会有人知道了。

你整天川流不息，一定累得要命吧？你一会儿背着沉重的大船，一会儿负着长长的水筏。你什么时候才能抛弃这种无聊的生活呢？像我这样安逸地生活不好吗？我舒舒服服，悠悠闲闲地荡漾在柔和的泥岸之间。大船小船也罢，漂来的木头也罢，我这儿可没有这些无谓的纷扰。一切风暴有树林挡住，任何烦恼我都沾染不上。

有一天，沼泽向在自己身边奔流而过的河流问话，河流坚定而有力地回答它，沼泽听了更困惑了。

多年以后，河流的话应验了，壮丽的河流仍旧川流不息，沼泽却一年浅似一年。沼泽的表面芦苇生出来了，而且生长得很快，沼泽最终干涸了。

这个故事告诉我们，一成不变能换取一时的安逸，却得不到丝毫成长，只会慢慢退步，甚至慢慢衰亡。

成功的人往往都是一些不那么安分守己的人，他们绝对不会因取得一些小小的成绩而沾沾自喜。每一个渴望成功的人都要谨记，只有不断砸烂较差的，你才能没有包袱，创造出更好的。

一位雕塑家有一个 12 岁的儿子。儿子要爸爸给他做几件玩具,雕塑家让儿子自己动手。为了制作自己的玩具,儿子开始注意父亲的工作,常常观看父亲运用各种工具,然后模仿着运用于玩具制作。父亲也从来不向他讲解什么,放任自流。

一年后,儿子初步掌握了一些制作方法,玩具造得颇像个样子。父亲偶尔会指点一二。但孩子脾气倔,从来不将父亲的话当回事,我行我素,自得其乐,父亲也不生气。

PART 04　"命"不可变，但"运"可以变　71

您儿子真是个天才！

　　又过了一年，儿子的技艺显著提高，可以随心所欲地摆弄出各种人和动物形状。儿子常常将自己的杰作展示给别人看，引来诸多夸赞。但雕塑家总是淡淡地笑，并不在乎似的。

昨夜可能有小偷来过。

我做的玩具怎么不见了？！

　　有一天，儿子存放在工作室的玩具全部不翼而飞，他十分惊疑。没办法，只得重新制作。半年后，工作室再次被盗。又半年，工作室又失窃了。儿子有些怀疑是父亲在捣鬼，为什么从不见父亲为失窃而吃惊呢？

一天晚上，儿子见工作室灯亮着，便溜到窗边窥视——父亲背着手，在雕塑作品前踱步、观看。好一会儿，父亲仿佛做出某种决定，将他自己大部分的作品打得稀巴烂！接着，将这些碎土块堆到一起，放上水重新混合成泥巴。儿子十分惊讶。这时，他又看见父亲走到自己的那批小玩具前，同样将玩具扔到泥堆里搅和起来！

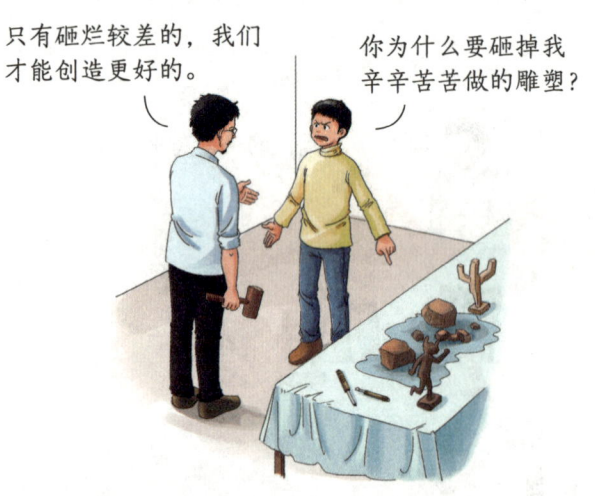

当父亲回头的时候，儿子已站在他身后，瞪着愤怒的眼睛。父亲有些羞愧，但耐心地解释。儿子恍然大悟。10年之后，父亲和儿子的作品多次同获国内外大奖。

人只有在不断进取的状态下才能够永葆生命的活力。既然生命不息，那就应该不断进取，超越自我。

你决定不了出身，但可以把握命运

没有解决办法，那就改变问题

某楼房自出租后，业主不断接到房客的投诉。房客要求业主尽快更换电梯，否则他们将搬走。

业主想出了一个好办法。几天后，业主并没有更换电梯，可有关电梯慢的投诉再也没有接到过，剩下的空房子也很快租出去了。原来，业主在每一层的电梯间外的墙上都安装了很大的穿衣镜，大家的注意力都集中到自己的仪表上，自然感觉不出电梯的速度是快还是慢了。

更换电梯显然不是最佳的解决方案，但问题该怎么解决呢？房主运用了逆向思维，将视角从"换不换电梯"这一问题转换到了"该如何让房客不再觉得电梯慢",问题变了,方案也就产生了,转移大家的注意力就可以了。

无论你做多少研究和准备,就是达不到自己预想的结果,如果试了很多方法,还是不能有效解决问题,那就试着改变这个问题。为问题寻找到合适的解决办法是通常使用的正向思维思考方式,但是,当难以找到解决途径时,也许最好的解决办法就是将问题改变,改变成我们能够驾驭的、容易解决的。

用能力打造自己的影响力

影响力可以获得别人对你的实力的认同。换言之,富有影响力的人,会被别人看成独特的,甚至是独一无二的。这种信念一旦产生,人们不仅会心甘情愿地接受他,而且会做出异乎寻常的决定去追随他。因为一旦拥有对这个人坚定不移的信念,人们就会坚定地认为,他会知道问题的全部答案,有办法变理想为现实。

他是我所教的学生当中最好的,我不能想象还有比他更聪明的人。搞软件,对他来说几乎是不费力的。

他是一位天才,问题就这么简单。他说他的脑子里尽是一些软件开发方案,而我们不能不信他。

教授　　　　　　　　　　　　　同学

一些个人的素质或行为也会被理解成非凡的或独特的,成为构筑非权力影响力的重要因素。当被问到怎么评价比尔·盖茨,一个教过比尔·盖茨的教授和比尔·盖茨的同学如是说。

PART 04　"命"不可变，但"运"可以变　75

领导真聪明，善于把握事物的实质，一眼就能看穿未来。

他确实非常有魅力，这在两件事上明显地表现出来。一是他身上凝聚着有关制造业的全部知识，对此，他可以信手拈来，随意说出，可见，他对自己的专业了解得极为透彻。他刚一到任，就全面地更新了生产的流程，使得我们终于生产出自己的产品，这在以前是从来没有过的。二是干什么他总比别人领先一步。

他是与众不同的，他有非凡的理解力和卓越的战略眼光，没办法，他就是比别人聪明！

真希望他的那些金点子是我说的！

不仅是比尔·盖茨，许多被称为魅力领导者的人也都是这样常常被熟知他们的人所议论。说起他们的领导，人们都很钦佩。

对于一个富有影响力的领导者来说，在他所有被下属崇拜的才能中，最引人注目的是领导者的战略眼光。这些领导者非凡的战略眼光是从以前的实践经验中积累起来的对现象的领悟力和对未来的预见力。这种能力往往是与实践经验一起发挥作用的。所以，我们要在成长中不断积累实力，用自己的实力塑造自己的影响力。

正视自己的情绪

当你走的时候,别人会嘲笑你、取笑你,但你千万不要动怒。相信我,当你学会控制自己的情绪时,你会发现问题并没有那么严重。

你把这篮鸡蛋放在头顶上,然后走遍全村。

这有什么用呢?鸡蛋不得全摔了?

有一位农夫,他的邻居经常来找他倾诉烦恼和困扰,农夫总是静静地听。但是邻居总是情绪不好也不妥,农夫觉得应该帮帮邻居。于是,他让邻居第二天带一篮子鸡蛋来找他。邻居照做了,第二天带着一篮鸡蛋来找农夫。

瞧瞧,他这是干什么呢?

真是个傻瓜!

他强由他强,清风拂山岗……

邻居按农夫说的做了,不管周边发生什么,他都努力控制自己,使自己的情绪保持稳定。一圈走完,鸡蛋一个没碎。

内心踏实的人，能够认同自己的长处，接受自己的缺点，悠然自得，不会透过他人的目光来肯定或否定自己；而没有安全感，内心充满不安的人，常常质疑自己的重要性，或者他们将自己的成就昭告天下，以博得赞赏，或者反复诉说不幸的遭遇，以换取同情。久而久之，他们习惯了用各种方式掩饰自己的不安，而成为一个爱抱怨的人。

所以，真正有安全感的人能够诚实面对自己的情绪，正视自己的不安，他们不会压抑自己内心的种种情绪，而是会自然而然地接受情绪带来的不适，一旦真正接受了，自然不需要通过其他的途径来发泄。

逆境不是结局，而是过程

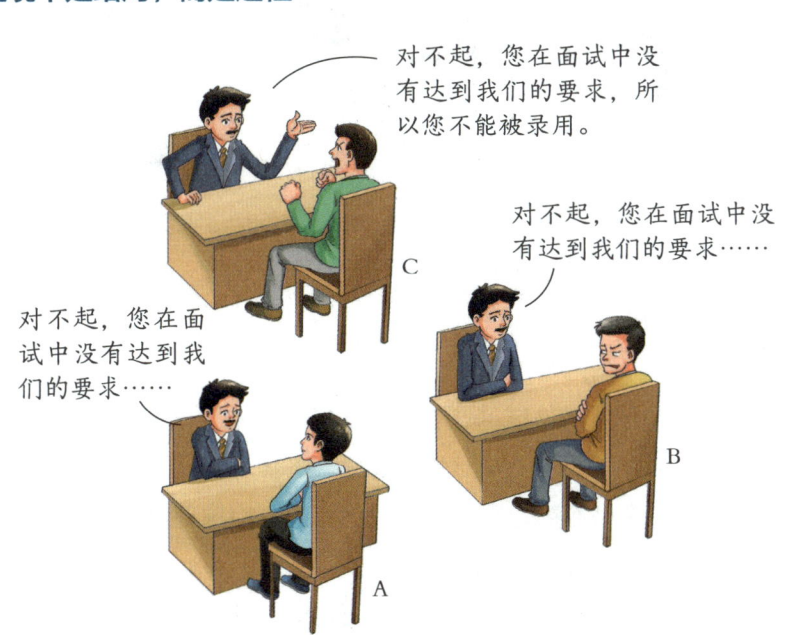

一家公司正在招聘销售主管，前来应聘的人很多，经过层层淘汰，最终剩下三个年轻人角逐这个职位。最后一轮中，面试官分别告诉他们说未被录取。当然，他们三个人是不知情的。

三人都走出了这家公司。这时候，有个满头华发的老人过来询问。听了三人的回答，老者对其中一人很满意。原来，这个老人就是这家公司的董事长。

故事中，最后的面试问题就是看应聘者面对失败的表现。B一味地沉浸在失败的烦恼中；C对失败的原因不加分析、考虑，就盲目地再去求职；A则是冷静地在思考失败的原因，而这种应对失败的品质恰恰是这家公司非常看重的品质。

三个人在经历了同样的失败后，对待失败的态度存在的差异，也就决定了他们今后面对困难、挑战的信心、智慧。一个意志坚强的人往往能够站得更高，看得更远，让自己的人生释放出夺目的光彩。

没有秘诀可言，唯一的秘诀就是你每次摔倒后都要考虑这次失败的原因。如果用这种方法训练，你自己就能够很快学会了。

教练，溜冰有什么秘诀呀？

一个小姑娘看到别人溜冰很潇洒，自己也想学，可是又害怕摔倒。在刚开始学的时候，她小心翼翼、战战兢兢的，不敢迈出步子，只能扶着墙试探着往前走。但是，还是会摔倒。她痛恨自己还没有学会溜冰，就摔倒这么多次了。

宝剑锋从磨砺出，梅花香自苦寒来。

小姑娘按照教练说的去做，在每次摔倒后都思考原因。果然思考之后，动作的协调、步伐的掌握有了很大的进步。没多久，她就在溜冰场上行动自如了。

迎接失败的挑战过程固然艰辛，但是，正是这种过程，才能够让你痛定思痛，深刻地反思自己、审视自己，才能够厚积薄发。

凡成就大事业者，无一不是从苦难中走出来的。逆境并不可怕，可怕的是你把它看成结局而不是过程。在这个过程中，我们去接受苦难并跨越它，等待我们的是美好的未来。

PART 05
你无法改变别人时，可以改变自己

你就是问题的根源
抱怨生活之前，先认清你自己

爸爸，为什么事事都这么难……

闺女，你瞧我的……

一个女孩对父亲抱怨她的生活，她不知该如何应付，想自暴自弃了。女孩的父亲是位厨师，他把女儿带进厨房。他先往三只锅里倒入水，然后把它们烧开。他往一只锅里放了胡萝卜，第二只锅里放入鸡蛋，最后一只锅里放入磨碎的咖啡豆。父亲一句话也没说，女孩不耐烦地等待着，纳闷父亲在做什么。

④这三样东西面临煮沸的开水,反应各不相同。胡萝卜入锅之前是强壮的、结实的,但进入开水后,它变软了,变弱了。鸡蛋原来是易碎的,它薄薄的外壳保护着它呈液体的内脏,但是经开水一煮,它的内脏变硬了。粉状咖啡豆则很独特,进入沸水后,它们改变了水。

①亲爱的,你看见什么了?

③爸爸,这意味着什么?

②胡萝卜、鸡蛋、咖啡。

大约20分钟后,父亲把三样东西捞出来,分别放入碗内。他让女儿摸摸胡萝卜。女儿注意到胡萝卜变软了。父亲又让女儿打破鸡蛋。将壳剥掉后,她看到的是煮熟的鸡蛋。最后,父亲让她啜饮咖啡。品尝到香浓的咖啡,女儿笑了。听了父亲的解释,女儿豁然开朗。

这位父亲的教导方法是高明的。他把生活比作了一杯水,而拿不同的物体比喻成我们。如果我们如胡萝卜一般,只能任由环境的改变,那么我们就是被动的;当我们是粉状咖啡的时候,尽管在碗里已经找不到我们的影子,但因为我们的变化整个环境变化了。

所以,当你开始抱怨生活的时候,先要认清楚自己,看你是容易被生活改变,还是你可以去改变生活。如果你被生活改变了,那么就不要责怪生活,而要怪你自己的不坚定,容易随波逐流。当你确定你能够改变生活的时候,就应该放下抱怨,拿出勇气,因为**生活的味道完全是你可以设计和改变的**。

问题的 98% 是自己造成的

> **一水汤姆**：我私自买了一个台灯，想照明用。
> **二副瑟曼**：我看见汤姆拿着台灯回船，但没有干涉。
> **三副帕蒂**：我发现救生筏施放器有问题，将救生筏绑在架子上。
> **二水戴维斯**：我发现水手区的闭门器损坏，用铁丝将门绑牢了。
> **二管轮安特尔**：我检查消防设施时，发现水手区的消火栓锈蚀，心想：还有几天就到码头了，到时候再换。
> **机匠丹尼尔**：理查德和苏勒的房间消防探头连续报警。我和其他人进去后，未发现火苗，判定探头误报警，拆掉交给惠特曼，要求换新的。
> **大管轮惠特曼**：我正忙着，说等一会儿拿给他们。
> **服务生斯科尼**：我到理查德房间找他，他不在，我坐了一会儿，随手开了他的台灯。
> ……
> **医生英里斯**：我没有巡诊。
> **电工荷尔因**：晚上我值班时跑进了餐厅。
> **船长麦特**：发现火灾时，汤姆和苏勒房间已经烧穿，一切糟糕透了。我们没有办法控制火情，火越烧越大，直到整条船上都是火。我们每个人都犯了一点错误，最终酿成了船毁人亡的大错。

> 原来是这样！否则，这个地方海况极好，怎么会使船沉没呢！

当救援船到达出事地点时，"环大西洋"号海轮已经消失了，海轮上的 21 名船员不见了，海面上只有一个救生电台有节奏地发着求救的信号。救援人员看着平静的大海发呆，谁也想不明白这条最先进的船怎么会沉没。这时有人发现电台下面绑着一个密封的瓶子，打开瓶子，里面有一张字条，21 种笔迹。看完这张绝笔字条，救援人员谁也没说话，大家仿佛清晰地看到了整个事故的过程。

船长麦特的最后一句话是最值得我们深思的:"我们每个人都犯了一点错误,最终酿成了人毁船亡的大错。"问题出现时,不要再找借口了,因为你自己才是问题的真正根源,问题的98%都是自己造成的,"环大西洋"号海轮的覆灭不正说明了这一点吗?

问题面前最需要改变的是自己

它这是比画啥呢?

一只乌鸦风尘仆仆地赶路,飞往南方,途中遇到一只鸽子在努力地练习舞蹈。

其实，我也不想离开，可是那里的人都不喜欢我的叫声。所以，我想飞到别的地方去！

别白费力气了。如果你不改变自己的声音，飞到哪儿都不会受欢迎，不如像我一样跳跳舞，多掌握一门技能！

你这么辛苦，要飞到哪里去？为什么要离开呢？

乌鸦和鸽子一起停在树上休息。鸽子和乌鸦闲聊起来。听了鸽子的话，乌鸦明白了自己的症结所在，它仿佛看到新世界大门在向自己敞开。

有些时候，面对一些棘手的问题，应该迫切改变的或许不是环境，而是我们自己。换句话说，有些时候，我们不是找不到方法去解决问题，而是在问题面前，我们没有真正地做出努力。在完善自己的同时，我们也就找到了解决问题的方法。

环境的变化虽然对一个人的命运有直接影响，但是，任何一个环境，都有可供发展的机会，紧紧抓住这些机会，好好利用这些机会，不断随环境的变化调整自己的观念，就有可能在社会竞争的舞台上开辟出一片新天地，站稳脚跟。

要学会清扫自己的心灵

> 谁要是能把猫找到,重重有赏。

一位公主的波斯猫走丢了,于是国王下令找猫,并叫宫廷画师画了数千幅猫像张贴在全国。

> 可能是捡到猫的人嫌钱少?那可是一只纯正的波斯猫呢!

送猫者络绎不绝,但都不是公主丢失的那只。公主想是不是悬赏金太少了。公主把这一想法告诉国王,国王马上把奖金提高到50金币。

一个流浪汉捡到了那只猫。他看到了告示，第二天早上就抱着猫去领50金币。但当路过告示牌时，看到悬赏金已变成100金币。

流浪汉回到他的破茅屋，把猫重新藏好。他又跑去看告示时，奖金已涨到150金币。接下来的几天里，流浪汉没有离开过贴告示的墙壁。

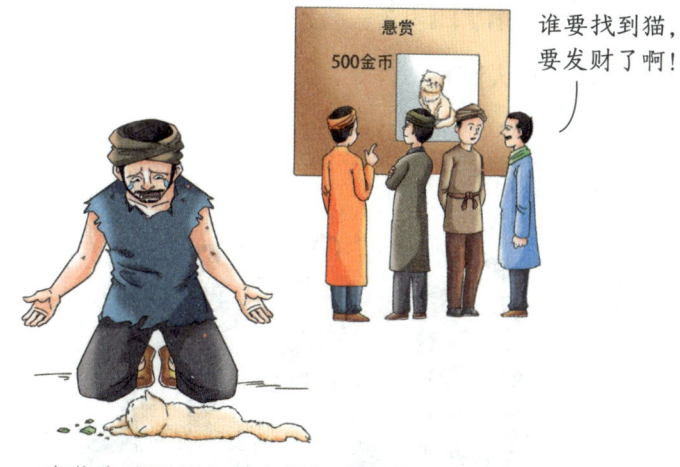

PART 05　你无法改变别人时，可以改变自己　87

当奖金涨到使全国人民都感到惊讶时，流浪汉返回他的茅屋，准备带上猫去领奖，可是猫已经死了。因为这只猫在公主身边吃的都是鲜鱼和鲜肉，对流浪汉从垃圾桶里捡来的食物根本消化不了。

贪心使人永远没有满足之时，贪心的包袱压得太重反而什么也得不到，只有卸掉包袱才能轻装上阵。

在人生路上，每个人都是在不断地累积东西，这些东西包括名誉、地位、财富、亲情、人际、健康、知识等，当然也包括烦恼、忧闷、挫折、沮丧、压力等。这些东西，有的早该丢弃而未丢弃，有的则是早该储存而未储存。对那些会拖累你的东西，必须立刻放弃，卸掉包袱，进行心灵扫除。

心灵扫除的意义，就像是生意人的"盘点库存"。你总要了解仓库里还有什么，某些货物如果不能限期销售出去，最后很可能会因积压过多拖垮你的生意。

生命的过程就如同参加一次旅行。你可以列出清单，决定背包里该装些什么才能帮助你到达目的地。但是要记住一点，在每一次生命停泊时都要学会清理自己的背包：什么该丢，什么该留。只有卸掉一些不必要的东西，才能轻装上阵，活得更轻松、更自在。

接纳不完美的自己

你不可能让所有人满意

20世纪20年代,美国发生了一件震动教育界的大事。一个叫罗勃·郝金斯的年轻人,半工半读地从耶鲁大学毕业,他做过作家、伐木工人、家庭教师和卖成衣的售货员,被任命为芝加哥大学的校长。他当时只有30岁!真叫人难以置信。人们对他的批评就像山崩落石一样一齐打在他的头上,甚至各大报纸也参加了攻击。

③呃……确实如此。对于有些人来说，越勇猛的狗，人们踢起来就越有成就感。

①今天早上，我看见报上的社论攻击你的儿子，真把我吓坏了！

②不错，话说得很凶。可是请记住，从来没有人会踢一只死狗。

罗勃·郝金斯的父亲

在罗勃·郝金斯就任的那一天，有一个朋友担忧地将这些负面的消息告知罗勃·郝金斯的父亲，罗勃·郝金斯的父亲却十分坦然。

哲学家常把人生比作路，是路，就注定有崎岖不平。真正成功的人生，不在于成就的大小，而在于是否努力地去实现自我，喊出属于自己的声音，走出属于自己的道路。

"横看成岭侧成峰，远近高低各不同。"凡事难有统一定论，我们不可能让所有的人都对我们满意，所以可以拿他们的意见做参考，却不可以代替自己的主见，不要被他人的论断束缚了自己前进的步伐。追随你的热情、你的心灵，它们将带你实现梦想。

别太在意别人的眼光

少出门,别人就不会知道我腿有问题了……

西莉亚自幼学习舞蹈,身段匀称灵活。可是很不幸,一次意外事故导致她下肢严重受伤,一条腿留下后遗症——走路有点瘸。为此,她十分懊丧,甚至不敢走上街去,因为害怕看见别人注视残腿的目光。作为一种逃避,西莉亚搬到了约克郡乡下。

西莉亚,你给指点指点……

一天,小镇上的雷诺兹老师领着一个女孩来向她学跳舞。在他们诚恳的请求下,西莉亚勉为其难地答应了。为了不让他们察觉自己残疾的腿,西莉亚特意提早坐在一把藤椅上。

PART 05　你无法改变别人时，可以改变自己

啊？你的腿……

可那个女孩十分笨拙，连起码的乐感和节奏感都没有。当女孩再一次跳错时，西莉亚不由自主地站起来给对方示范要领——一个带旋转的交叉滑步动作。西莉亚一转身，便敏感地看见那个女孩正盯着自己的腿，一副惊讶的神情。她意识到，自己一直刻意掩盖的残疾在刚才的瞬间已暴露无遗。

哼……

这时，一种自卑让女孩无端地恼怒起来。她觉得西莉亚的行为伤害了自己的自尊心，她难过地跑开了。

把你训练成一名专业舞者恐怕不容易,但我保证,你一定会成为一个不错的非职业舞者!

事后,西莉亚满心歉疚。过了两天,西莉亚到学校,和雷诺兹老师一起等候那个女孩。

假如一个舞者只盯着自己的脚,就无法享受跳舞的快乐,而且别人也会跟着注意你的脚,发现你的错误。现在你仰起脸,面带微笑地跳完这支舞曲,别管步伐是不是错的。

这一次,他们在学校操场上跳,有不少学生好奇地围观。那个女孩笨手笨脚的舞姿不时招来同学的嘲笑,她满脸通红,不断犯错,每跳一步,都如芒在背。西莉亚看在眼里,深深理解那种无奈的自卑感。她走过去,轻声安慰女孩。

西莉亚朝雷诺兹老师示意了一下。悠扬的手风琴音乐响起,她俩踏着拍子,愉快起舞。其实女孩的步伐还有些错误,而且动作不是很和谐。但意外的效果出现了——那些旁观的学生被她们脸上的微笑所感染,也不再去关注女孩舞蹈细节上的错误。渐渐地,越来越多的学生情不自禁地加入,大家尽情地跳起来。

　　在这世上,跟着他人眼光晃来晃去的人,会逐渐暗淡自己的光彩。
　　人生是一个多棱镜,总是以它变幻莫测的每一面反照生活中的每一个人。不必介意流言蜚语,坚信自己的眼睛、坚信自己的判断、执着自我的目标,才能活出自我。

自卑是对自己的束缚

凡·高不是位百万富翁吗?

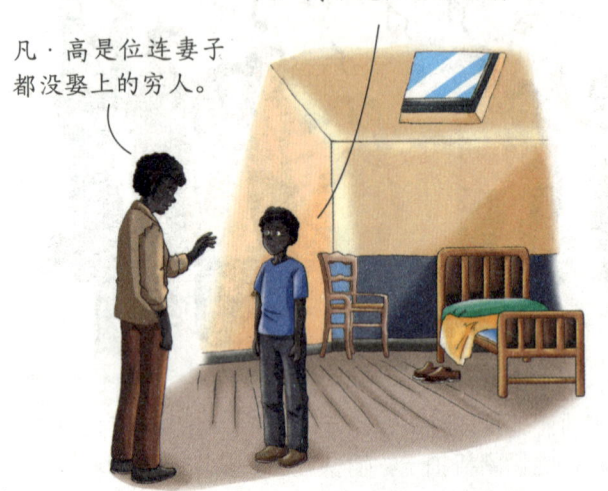

凡·高是位连妻子都没娶上的穷人。

一位父亲带着儿子去参观凡·高的故居,在看过那张小木床及裂了口的皮鞋之后,儿子感到奇怪。

安徒生是位鞋匠的儿子,他就生活在这间房子里。

爸爸,安徒生不是生活在皇宫里吗?

第二年,这位父亲带儿子去丹麦,在安徒生的故居前,儿子又感到困惑。

> 那时我们家很穷,父母都靠卖苦力为生。有很长一段时间,我一直认为像我们这样地位卑微的黑人是不可能有什么出息的。好在父亲让我了解了凡·高和安徒生,这两个人告诉我,上帝没有轻看卑微……

伊东布拉格

　　这位父亲是一个水手,他每年往来于大西洋各个港口;儿子叫伊东布拉格,是美国历史上第一位获普利策奖的黑人记者。20年后,儿子在回忆童年时,十分感谢父亲的教诲。

　　自卑常常在不经意间闯进我们的内心世界,控制着我们的生活,在我们有所决定、有所取舍的时候,向我们勒索着勇气与胆略;当我们遇到困难的时候,自卑会站在我们的背后大声地吓唬我们;当我们要大踏步向前迈进的时候,自卑会拉住我们的衣袖,叫我们小心挫折。因为自卑,一次偶然的挫败就会令你垂头丧气,一蹶不振,你会觉得自己一无是处,窝囊至极。

　　富有者并不一定伟大,贫穷者也并不一定卑微。机会在每个人面前都是平等的。克服自卑,你才能抓住机会,也才有可能获得成功。

相信自己才能成功

一定是命运之神在昨天下午把这本书放入我口袋中的,因为我当时决定自杀。我已经看破一切,我什么事情都做不成,没有人能接纳我。但看了这本书,使我产生了新的看法,我有了勇气及希望。只要我能见到这本书的作者,他一定能帮助我再度站起来。现在,我来了,我想知道你能替我这样的人做些什么?

这个人眼神茫然、满脸皱纹、神态紧张,已经无可救药了⋯⋯

我来这儿,是想见见这本书的作者。

自信力

安东尼·罗宾

有一天,成功学导师安东尼·罗宾在自己的办公室接待了一个走投无路、风尘仆仆的流浪者。他从口袋中拿出一本名为《自信心》的书,那是安东尼许多年前写的。在流浪者说话的时候,安东尼从头到脚打量了流浪者许久,发现一切都在显示,他已经无可救药了。但安东尼不忍心这样对他说。

PART 05　你无法改变别人时，可以改变自己　97

看在上帝的份儿上，请带我去见这个人！

他会为了"上帝的份儿上"而做此要求，显然他心中仍然存在着一丝希望。

虽然我没办法帮你，但如果你愿意的话，我可以介绍你去见一个人，他可以帮助你东山再起，重新赢回原本属于你的一切。

听完流浪者的话，安东尼有了主意。安东尼刚说完，流浪者立刻激动地跳了起来，抓住他的手。

就是这个人。在这个世界上，只有一个人能够使你东山再起，那就是你自己。你要学会信任他，并且觉得他能够做成任何事情。因为如果连你自己都不能相信自己，那么这个世界上将不会有人相信你，你也就不能做成任何事情。这样一来，无论是对于你自己还是这个世界，你都是一个没有任何价值的废物。

安东尼带着流浪者来到从事个性分析的心理试验室，和他一起站在一块布前。安东尼把布拉开，露出一面镜子。安东尼让流浪者照镜子。流浪者朝着镜子走了几步，用手摸摸他布满皱纹的脸，对着镜子里的人从头到脚打量了几分钟，然后后退几步，低下头，开始哭泣起来。过了一会儿，安东尼送他离去。

先生，我非常感谢您，是您让我找回了自信，让我有勇气面对生活中的一切，并且很快找到了工作。

　　几天后，安东尼在街上碰到了流浪者，他已不再是一个流浪汉形象。他西装革履，步伐轻快有力，头抬得高高的，原来那种不安、紧张的神态已经消失不见。后来，他成为芝加哥的一个大富翁。

　　自信是成功的第一信念。自信的态度，不仅会影响自己的生活，还会对周围的人产生影响。如果在生活中认真观察，你就会发现自信具有极大的感染力。因为自信，你的神态、语气、仪态等，都在无声无息地、由里向外地散发着魅力。而这种魅力会让你具有吸引力，易于结交更多的朋友，获得更多同事的追随，得到上司的青睐，并最终获得成功。

PART 06
过去无法改变，但可以把握今天

无法预知明天，但可以把握今天
太多人习惯生活在下一个时刻

  悲观者活在过去，他们沉浸在已经发生过的灾难里无法自拔，不会去看现在，也看不到未来，只会反复重温已经无法弥补的伤痛。空想者活在未来，像极了寓言故事里的两兄弟：看见一只雁飞过，他们便开始争吵，这只雁究竟是要清炖还是红烧，等他们吵出结果时雁早就飞走了。而智慧的人都知道，我们应该活在当下。

  活在当下，就是享受你正在做的。我们可以为每一天的日出欣喜不已；可以分享与家人、朋友相处时的甜蜜；可以学会与自然和谐共处，去聆听海浪之声，去仰望璀璨的星空……

④先生啊,听了你的话,我才明白,我今天落得如此下场的根源!很久以前,我驻守这座城池时,自诩能够一面察看过去,一面又能展望未来,却唯独没有好好把握现在。结果这座城池被敌人攻陷了,曾经的辉煌都成了过眼云烟,我也被人们唾骂而弃于这废墟中。

③过去的只能是现在的逝去,再也无法留住;而未来又是现在的延续,是你现在无法得到的。你不把现在放在眼里,即使你能对过去了如指掌,对未来洞察先知,又有什么实在意义呢?

②有了两副面孔,我才能一面察看过去,牢牢吸取曾经的教训;另一面展望未来,去憧憬无限美好的明天。

①你为什么会有两副面孔呢?

　　一位智者旅行时,途经古代一座城池的废墟。岁月让这个城池满目沧桑,但依然能辨析出昔日辉煌时的风采。智者想休息一下,就随手搬过一块石雕坐下。他望着废墟,想象着曾经发生过的故事,不由得感慨万千。忽然,他听到有人跟他说话。举目四望,原来是那块石雕。那是一尊双面神像。听了智者的话,石雕不由得痛哭起来。

过去只存在于你的印象里

娟娟沉浸在考入重点大学的喜悦中,但好景不长,大一开学才两个月,她已经对自己失去了信心,连续两次与同学闹别扭,功课也不能令她满意,她对自己失望透了。她安慰过自己,也无数次试着让自己满怀希望,但换来的却只是一次又一次的失望。

以前在中学时,几乎所有的老师跟娟娟的关系都很好,都很喜欢她,她的学习状态也很好,身边还有一群朋友,那时她感觉自己像个明星似的。但是进入大学后,一切都变了,人与人的隔阂是那样的明显,自己的学习成绩又如此糟糕,她很无助。

进入新的学校，新生往往会不自觉地与以前相对比，而当困难和挫折发生时，产生"回归心理"更是一种普遍的心理状态。娟娟在新的环境中缺少安全感，不管是与人相处方面，还是自尊、自信方面，这使她长期处于一种怀旧、留恋过去的心理状态中。殊不知，如果不去正视目前的困境，就会更加难以适应新的生活环境、建立新的自信。

适当怀旧是正常的，也是必要的，但是因为怀旧而否认现在和将来，就会陷入病态。过分的怀旧行为将阻碍你去适应新的环境，使你很难与时代同步。回忆是属于过去的岁月的，而过去只存在于你的记忆里，不属于现实的生活。一个人要想在以后的生活里不断进步，就要走出过去的回忆，不管它是悲还是喜。我们需要做的是尽情地享受现在，积极参与现实生活。

为生存的每一天而喝彩

⑥哥哥,这可办不到。母亲怕你寂寞,才让我陪伴你。我怎能不从母命?

⑤我宁可寂寞,也不愿见到你!

④可是你想想,如果没有我和你竞争,你的享乐有何滋味?如果没有我和你同台演出,你的戏剧岂能精彩?如果没有我给你灵感,你心中怎会涌出美的诗歌,眼前怎会展现美的图画?

③永远不!

①你这个冤家,母亲既然生我,又何必生你,既然生你,又何必生我!

②好哥哥,别这么说。没有我,你岂不寂寞?

生

死

生和死是一对孪生兄弟。死对他的哥哥生眷恋不已,生走到哪里,他就跟到哪里。可是,生却讨厌他的这个弟弟。尤其令他扫兴的是,往往在他举杯畅饮的时候,死突然出现,把他满斟的酒杯碰落在地,摔得粉碎。

> 母亲，求你把可恶的弟弟带走，别让他再纠缠我了。

> 不可任性。这都是安排好的，怎可随意更改？

于是，忍无可忍的生来到大自然母亲面前，请母亲将弟弟带走。然而，大自然是一位大智大慧的母亲，拒绝了生的要求。生只好服从母亲的安排，但并不领会如此安排的好意，所以对死始终怀着一种无可奈何的怨恨心情。

生是人生的起点，死是人生的终点，许多时候，死是容易的，活着却很艰难。从起点到终点，犹如画了一道美丽的弧线，生命之美被淋漓尽致地展现。

当我们意识到了生命的短暂之后，就要好好地珍惜自己转瞬即逝的生命，不要让自己的人生充斥着自私、阴暗、虚伪等负面的东西。一旦我们把功名利禄这些身外之物作为人生的终极目标，内心就会充满永远无法满足的欲望。相反，如果能够抵挡物质的诱惑，追求内心的富足，则能够坦然、平和地面对人生。这样，即使到了生命即将结束的时候，我们也能够从容面对死亡。

生命从起点到终点，是一个自然的过程。没有死的悲伤就没有生的喜悦，洞悉了生与死的本质，就不会为终究要死去而坐立不安，只会为生存的每一天而喝彩。

改变不了过去，但可以珍惜当下
好好活着是一种状态

她是一名护士，很多时间都在病房里度过，病人床头的花开花谢让她深刻地感受到生命的脆弱。有时候，她觉得病人床头大朵绽放的花仿佛浑然不知死亡的存在。因此，她一点也不喜欢花。一天，病房里一个新来的男孩送给她一盆花，她没有拒绝。也许是为了他的笑容，也许是怕伤害对方的心。因为从他搬进来的第一天起，她就知道他再也没有机会离开医院了。

有一次，男孩趁她不注意的时候偷偷地溜到外面玩，回来的时候正好碰见了她。他惭愧地站在她面前，低着头一声不吭。到了傍晚，她的桌上多了一盆三色堇，紫、黄、红，斑斓交错，像蝴蝶展翅，又像一张顽皮的鬼脸，旁边还附上一张小条子。她忍俊不禁。

第二天，她收到了他送的一盆太阳花，小小圆圆的红花，每一朵都是一个灿烂的微笑。

> 花是无情的,不懂得生命的可贵。

> 懂得花的人,才会明白花的可敬。

> 你爱花吗?

后来,他带她到附近的小花店闲逛,她这才惊奇地知道,世上居然有这么多种花,玫瑰深红,康乃馨粉黄,马蹄莲幼弱婉转,郁金香色彩艳丽,栀子花香气袭人,而七里香更是摄人心魄。她也惊奇于他谈起花时亮晶晶的眼睛,仿佛在那里面燃烧着生命的光芒。

> 一定要开花呀!

第二天,他送给她一个花盆,盆里只有满满的黑土。他微笑着说,里面有花种,一个月后就会开花。三天后,深夜,急救铃声响起。男孩被抬出病房,再也没有回来。她并没有哭,每天给那一盆土浇水。

自然界中各种生命的历程都有着惊人的相似性。虽只是大自然万千家族中极为弱小的一员，可是，它们却以其独特的生命方式向世人昭告："生命一次，美丽一次。"

后来，她到外地出差一个星期，回来后，发现那盆花不见了。原来，同屋的女伴看见里面什么都没有种，就把它扔到窗外了。又过了一段时间，她打开桌前久闭的窗，整个人惊呆了。那株瘦瘦的嫩苗好像一盏燃起的生命之灯。这时，她忽然懂得了生命的真谛。

易朽的是生命，似那转瞬即谢的花朵；然而永存的，是对生的激情。每一朵勇敢开放的花，都是一个面对死亡的灿烂微笑。一个人看清了生命的价值，就会将生演绎得更美丽，更灿烂。

此刻的你也许在担忧明天，畅想未来，忘记它们，这样就能轻松一点，自在一点。享受明月清风，坐看水流云动，享受生命的自由自在，何乐而不为？

终结抱怨,开启幸福之门

这样热的天气,我们很快就会蒸发掉了。这里这么干,我们无论如何也不能通过的!

只要将水流变细,就可以减少蒸发,只要努力,就一定能流向大海。

两条河流从源头出发,相约流向大海。它们穿过山涧,最后到了沙漠的边缘。面对浩瀚的沙漠,它们一筹莫展。A河抱怨不已,干脆停下了向前的脚步,宁可在沙漠中被蒸发掉,也不想做无谓的牺牲了。

耶!成功了!

B河没有抱怨,它按照自己的方法去做,不久之后,它与大海相遇了。

平庸者总是抱怨环境的恶劣，给自己找寻各种理由停止追求的脚步，而优秀者不会为抱怨所累，他会想出解决问题的办法，并且坚持到底，直到克服困难，取得胜利。

生活中，快乐不在于你所在的位置，而在于你所朝的方向。心向太阳的人，即使生活困苦，他也是快乐的；不懂得珍惜、不懂得知足的人，即使拥有了世间最宝贵的东西，他依然感受不到快乐的存在。

眼前的困难，不会成为你一辈子的障碍。所以，即使现在面临困境，也不要因为悲观而落泪，坚持一下，总会遇到自己的晴天。

何必急于求成

如果我现在能有好多好多的钱该多好啊，我就不用每天辛苦地工作了。

一个很穷的小伙子，每天都要辛苦工作。一天，他在路上捡到一把神奇的钥匙。神奇的钥匙告诉小伙子，它能满足他的一切心愿。小伙子想变得有钱，他马上就有了很多钱。

> 如果她马上成为我的妻子该多好!

这时,小伙子又想起了自己喜欢的姑娘。于是,他喜欢的姑娘立即成了他的妻子。

> 请求你,神奇的钥匙,将我变回原来的样子吧!我想每天出去工作赚钱,晚上偷偷地和姑娘约会,牵着她的手在树林中散步,让这一切都慢慢来吧!

小伙子又想:自己有很多孩子,以便继承我的家产。这样,小伙子有了许多孩子。所有的过程都被简化了,小伙子一下子拥有了想要的一切。不过,他发觉自己已经变成一个老头子。他懊丧地恳求钥匙,可是,神奇的钥匙却不再有反应了。

急于求成是人的一种本性。生活中大多数人都急于奔向目标而忽略了过程中的美丽风景。其实，抛弃对过去和未来的忧虑，能帮助你享受现在每一天的快乐，让你能够在它们最新鲜的时候去品尝和欣赏。

不要预支明天的烦恼

假如有一天，天塌了下来，那该怎么办呢？我们岂不是无路可逃，而被活活地压死，这不就太冤枉了吗？

从前在杞国，有一个胆子很小，而且有点神经质的人，他常会想一些奇怪的问题，让人觉得莫名其妙。有一天，他吃过饭以后，坐在门前乘凉，并且自言自语，思考一个问题。从此以后，他几乎每天都为这个问题发愁、烦恼。

> 老兄啊！你何必为这件事自寻烦恼呢？天怎么会塌下来呢？再说即使真的塌下来，那也不是你一个人忧虑发愁就可以解决的啊，想开点吧！

  朋友们见他终日精神恍惚，脸色憔悴，都很替他担心，当大家知道原因后，都跑来劝说。可是，无论人家怎么说，他都不相信，仍然时常为这个不必要的问题担忧。

  后来的人根据上面这个故事，引申出"杞人忧天"这个成语，它的主要意义在于提醒人们不要为一些不切实际的事情而忧愁。

  许多人喜欢预支明天的烦恼，想要早一步解决掉明天的烦恼。其实，明天如果有烦恼，今天是无法解决的，每一天都有每一天的人生功课要交，努力做好今天的功课再说吧！别再给当下制造过多的痛苦了，用平常的心对待每一天，用感恩的心对待当下的生活，我们才能理解生活和快乐的真正含义。

PART 07
无法改变工作，但可以改变态度

你对了，世界就对了
带着怨气不如带着快乐工作

干点什么不好，偏偏要来这旋钉子呢？就算把这一大堆的螺丝钉旋完了，过一会儿马上又会有另一车堆过来，然后，又要不停地旋啊！旋啊！这一切多么可怕呀！

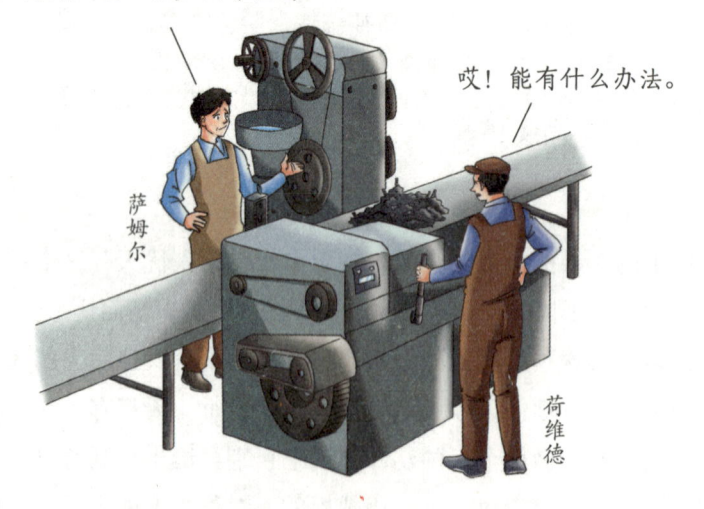

哎！能有什么办法。

萨姆尔

荷维德

旋！旋！旋！满满的一车螺丝钉都要旋出来！对于刚做旋车工的萨姆尔来说，他似乎觉得自己的一生都要消磨在旋钉子这件琐事上了。旋车工荷维德听了萨姆尔的埋怨，也很郁闷地叹了口气，以表同情。他和萨姆尔一样，也很讨厌这份工作。

PART 07　无法改变工作，但可以改变态度　115

有什么办法呢？难道去找工头说："以我的能力，做这种简单的体力活简直是大材小用，我希望得到另外一份更好的工作？"工头听到这些话一定很不屑。要么，干脆就辞职不干了，另外再去找一份工作？可这是费了九牛二虎之力才找到的一份工作啊！绝对不能轻易辞掉。

让我们来进行比赛吧，荷维德。你在你的旋机上磨钉子，把外面一层粗糙的东西磨下来。然后，我再把它们旋成一定的尺寸。我们比一比，看谁做得快。过一会儿如果你磨钉子磨烦了，我们再换着做。

好啊！

难道就没有别的办法来改变这种讨厌的工作吗？办法总归有的，关键在于肯不肯动脑子去思考。当萨姆尔想到这一点时，他立刻想出一个很聪明的方法，可以使这种单调乏味的工作变成一件很有趣味的事。荷维德同意了他的建议。这样一来，工作起来没那么烦闷了，效率也提高了。

不久，工头便给萨姆尔他们调换了一个较好的工作。这位聪明的年轻人萨姆尔就是后来鲍尔温火车制造厂的厂长。萨姆尔并不是咬紧他的牙齿，像受酷刑一样去从事自己所痛恨的工作，而是把工作变成一种游戏，使自己做起来饶有趣味。后来他说："如果你不能在你所从事的工作中闯一条路出来，你就应该换一个工作试一试。"这是一个很好的忠告，但是秘诀便在寻求的方法上，一味地埋怨和厌烦是无法找到的，而是要通过一种更好的方法去做到这一点。

找到心中的使命感

> 把这最后的一封信送完,就马上去递交辞呈。

清水原来是一名橡胶厂工人,后来转行做了邮差。在最初的日子里,他没有尝到多少工作的乐趣和甜头,于是便心生厌倦和退意。这天,他决定送完最后一封信就辞职。由于这将是他邮差生涯送出的最后一封信,所以清水发誓无论如何也要把这封信送到收信人的手中。

然而这封信由于被雨水打湿，地址模糊不清，清水花费了好几个小时的时间，好不容易才在黄昏的时候把信送到了目的地。原来这是一封录取通知书，被录取的年轻人已经焦急地等待好多天了。当年轻人终于拿到通知书的那一刻，他激动地和父母拥抱在了一起。看到这感人的一幕，清水深深地体会到了邮差这份工作的意义所在。

在这以后，清水更多地体会到了工作的意义和自己肩负的使命感，他不再觉得乏味与厌倦，他深深地领悟了职业的价值和尊严。就这样，他一干就是 25 年。从 30 岁当邮差到 55 岁，清水创下了 25 年全勤的空前纪录。可见，使命感是一个人积极工作的内在动力。找到了心中的使命感，明白了工作的意义，你就会充满激情地投入到自己的工作中去。

工作是一个价值体现的机会。如果你能够在工作中发现自己的使命，并努力从工作中发掘自身的价值，你就会发现工作是一件非做不可的乐事，而不是一种惹人烦恼的苦役。

蔑视工作就是否定自己

菲利普在一家家电企业工作。刚开始工作时,他只是这家企业下设的一个电器商店的普通店员。菲利普每天的工作是清扫店铺,并协助销售员搬运货物,将顾客选好的货物送到指定的地方。

菲利普努力工作了10年,在这10年里,他为企业做出了非常出色的贡献,他们的连锁店以每年1~2家的速度递增着。尽管他一直被委以重任,但他的想法却发生了转变。菲利普回想自己这10年,他一直以工作为生命核心,每天从早忙到晚,还有数不清的应酬,虽然他乐于交际,但这么长时间过去了,他开始厌倦自己的工作。

> 以前我总是勾画在南方生活的蓝图，那只不过是对现实的逃避，也是放松自己的需要，那并不是自己最真实的需要。当这种因为疲倦而产生的向往一旦满足，我就无法从中体会满足感与幸福感。

菲利普经过认真考虑，做出了决定。虽然所有人都反对他的决定，并尽力挽留他，但他还是辞掉了工作，带着多年的积蓄，来到南方一个迷人的小岛上，打算在此长期生活下去。10 天过去了，他却无法找到初来这里时的欣喜。因为没有任何事情可做，他闲得发慌。

与逃避现实的想法相比，直面现实，在现实中创造生命的价值，实现自己真正的愿望，才能给予自己真正的幸福与满足。可见，人只有在工作中才能实现自己的价值。

即使是一个平凡的岗位，也可以做出骄人的成绩，所以不要蔑视自己的工作，蔑视工作也就等于否定了自己的劳动和人生价值。

不只为工资工作，成长比成功更重要

公司不错，但是工资也太低了！

绝不满足于这每周7.5美元的低微工资，绝不能就此不思进取！

一个年轻人刚到某百货公司的时候，他和公司签订了五年的工作合约，约定这五年内工资保持不变。但他暗下决心要努力工作，一定要让老板知道他绝不比公司中的任何一个人逊色，他是最优秀的人。

抱歉，我不能接受。

不接受如此优厚的条件，他实在是太愚蠢了！

我们愿意以3000美元的年薪，聘用您为海外采购员……

他卓越的工作能力很快引起了周围人的注意。三年之后，他已经如鱼得水、游刃有余，以至于另一家公司愿意高薪聘请他去工作。但他并没有向老板提及此事，在五年的期限结束之前，他甚至从未向他们暗示过要终止工作合约。

PART 07 无法改变工作，但可以改变态度 121

您的薪资调整为 10000 美元……

这五年来他所付出的劳动要比他所领的工资高出数倍，理所当然，他成为一个获利者。

但是，在五年的合同到期之后，他所在的这家百货公司给予了他每年 10000 美元的高薪。没过多久，他还成为这家公司的合伙人。后来，他成了纽约的百万富翁。

上面的案例中，假如那个年轻人当时对自己说："每周 7.5 美元，他们只给我这么多，既然我只领着每周 7.5 美元，那么我何必去考虑每周 50 美元的业绩呢！"如果那样，结局会怎样？实际上，这些话正是当下很多年轻人的想法，他们一边以玩世不恭的态度对待工作，对公司报以冷嘲热讽，频繁跳槽，蔑视敬业精神，消极懒惰，一边却怨天尤人，埋怨自己怀才不遇、生不逢时。因为老板所付不多就敷衍自己的工作，正是这种想法和做法，令成千上万的年轻人与成功绝缘。

对于职员来说，还有比工资更重要的东西，那就是工作后面的机会、工作后面的学习环境和工作后面的成长过程。工作固然也是为了生计，但比生计更重要的是品格的塑造和能力的提高。如果一个人的工作仅是为了工资，那么，我们可以肯定，他注定是一个平庸的人，无法走出平庸的生活模式。

与其抱怨别人，不如在自己身上找原因

工作中没有"不可能"，障碍都在你心里

奥康企业是一个在工作中奉行"没有什么不可能"的典型代表。在发展过程中，奥康企业创造了许多别人觉得无法做到的神话，正体现了敢于蔑视困难、把问题踩在脚下的精神。

通常盖这样一栋厂房起码需要八个月，三个月之内建好，这不是开玩笑吗？

三个月必须将厂房建好！

2006年，为了满足生产的需要，奥康准备再盖一栋厂房。为了让厂房能够以最快的速度投入使用，奥康的高层对负责这一工程的主管下了死命令。开始时，很多人都认为这是天方夜谭，但在奥康，没有什么不可能。

奥康建房就像山里的竹笋一样，前一天还没破土，第二天就冒出来了！真厉害！

厂房建筑落成典礼

奥康制定出详细的工作计划，什么时候该完成什么工作，都写得清清楚楚，并采取了一系列的措施。如为了用足 24 小时，安排工人三班倒，晚上的工资是白天的 3 倍。这就是奥康信奉的"宁愿损失金钱，也不能浪费时间"。终于，在大家的努力下，厂房如期建成了。

和意大利一流制鞋企业健乐士（GEOX）的合作，在别人看来同样不可能。因为当时健乐士考察的中国企业有七八家，论实力，奥康比不过某些企业；论名次，奥康被排在考察的最后一位。在考察奥康之前，健乐士内部已经有了初步定论，甚至有些人提议不要去奥康了，免得浪费时间。但没有想到的是，最终，奥康成了健乐士在中国唯一的合作伙伴。

当奥康决定投资生物制药时，遭到了很多人的反对，可事实证明，投资这一领域是很有眼光和商业前景的。

黄冈商业步行街是奥康打造的 100 条商业步行街的第一条，之前几乎听不到赞同的声音。

但是，黄冈步行街的开业让所有不相信的声音都销声匿迹。

做大的事业，需要的正是将所有"不可能"踩在脚下的勇气和魄力。"不可能"并非真的不可能，而是被夸大的困难吓住了前进的脚步。要想解决生活、工作中的多种"不可能"，就要相信"没有什么不可能"。

能力有提升，工资自然会上涨

奥尼斯

一个优秀的市场部经理必须具备以下四种基本素质：
1. 营销策划能力；
2. 品牌策划能力；
3. 产品策划能力；
4. 对市场消费态势潜在性的分析能力。

奥尼斯初进戴尔公司的时候只是一名普通的业务员，后来一步一个脚印，成长为公司的市场部经理。奥尼斯认真研究其他公司对市场部经理的更高要求，进一步学习，以提升自己的工作能力。首先，他从掌握各项营销政策入手学习，因为他缺乏这方面的经验。其次，他不断强化自己的执行力。另外，他认识到自己的市场应变能力很差，缺乏市场销售过程的锤炼和亲身的市场销售体验。

恭喜晋升！

通过几年的认真学习和实践锻炼，奥尼斯终于如愿以偿地成了公司的市场总监，他为公司的市场营销工作做出了很大的贡献。

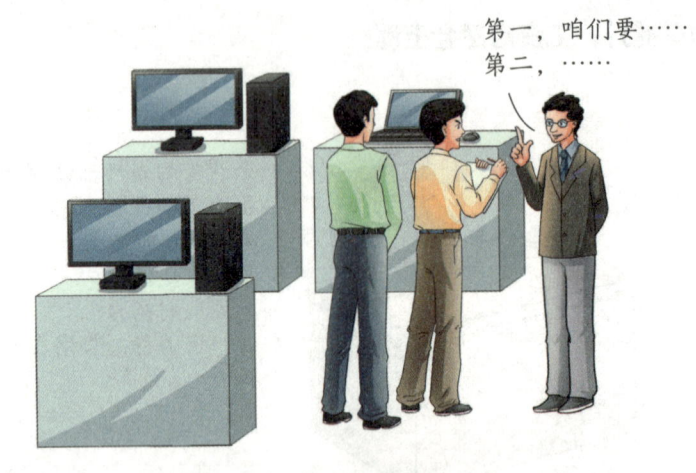

有了以上深刻而全面的认识之后，奥尼斯开始逐步提升自己的业务素质。他用了三年的时间来亲身体验营销实践。与此同时，奥尼斯又学习了组织管理知识、全面的法律知识和财会知识。当然，修炼对团队的掌控能力也是奥尼斯学习的一个重要方面，如果控制不了下属团队，那么一切都是空谈。

许多人抱怨自己为企业辛苦工作工资太低，为企业立下"汗马功劳"却一直得不到老板的赏识，蜗居在平凡的岗位上。其实细细思考，你有没有在自己的岗位上持续努力，为组织带来恒久的效益呢？即使提升了你的职位，你是否具有匹配的能力呢？

为公司创造的功劳永远只能代表自己的过去，只有不断为公司创造业绩，才能为自己赢得升职的机遇。而且，一味抱怨工作并不能提升自己的工资。专注于提升自己的能力，用兢兢业业、尽职尽责的态度去工作，才是你脱颖而出、区别于其他人、使自己变得更有竞争力、成为高薪者的武器。

自己不努力,却抱怨别人抢得先机

几个小铁钉能值多少钱?

哥哥　弟弟

有一对贫穷的兄弟,他们以捡破烂为生。一天,兄弟俩照旧从家里出发沿着一条街道去拾捡破烂。但这条偌大的街道,仅有的就是一个一个的1寸长的小铁钉。哥哥并不嫌弃,弯腰一个个地拾了起来。

我看到了啊。可那小铁钉并不起眼,我也没想到一路上会有那么多,我更没想到它竟然这么值钱,等我想要去捡时,铁钉全被哥哥捡光了。

孩子,在来的路上,难道你一个铁钉也没看到?

本店高价回收一寸长的旧铁钉

没走多久,兄弟俩几乎同时发现街尾新开了一家收购店,专门收购旧铁钉。两手空空的弟弟眼睁睁地看着哥哥用那些小铁钉换回了一大把钞票。

职场上，有许多人像故事中的弟弟一样，自己不努力抓住机会，却抱怨别人抢得先机。殊不知，机会需要主动争取。机会不会自动送到每个人手中，而是要靠个人的努力、准备和判断去抓住。如果自己没有付出行动，却期待成功，那抱怨他人只是自我逃避的表现。

PART 08
你可以平凡，但不能平庸

拒绝平庸，走向卓越
责任心是成功的关键

一位超市的值班经理在超市视察时，看到自己的一名员工对前来购物的顾客态度极其冷淡，偶尔还向顾客发脾气，这令顾客极为不满，而他自己却毫不在意。

这位经理问清原因之后，辞退了这名员工。

　　每一个员工都有义务、有责任履行自己的职责和义务。这种履行必须是发自内心的责任感，而不是为了获得奖赏或者别的什么。有责任感的员工，才能够得到老板的信任，才能够获得事业上的成功。

晓晓毕业后非常幸运地进入了一家大型软件公司工作。上班的第一个月，由于她刚毕业在学校还有一些事情要处理，加上她住的地方离公司比较远，经常不能按时上下班，所以经常请假。好在她专业技术过硬，和同事一起解决了不少程序上的问题，公司也很满意她的工作能力。

学校的事情处理完了，晓晓上班仍像第一个月那样，有工作就来，没有工作就走，迟到，早退。同事悄悄地提醒她，她却不以为然，让同事无言以对。她认为自己工作能力够了就行，其他的不必放在心上。结果可想而知，在试用期结束后的考评中，晓晓的业务考核通过了，但在公司管理规章和制度的考核上卡住了。

对刚进入职场的大学生来说，对工作负责不但能够使自己养成良好的职业习惯，还能为自己赢得很好的工作机会。但如果缺乏责任感，就面临被淘汰的危险。

职场上有两种人永远无法超越别人：一种是只做别人交代的工作的人，另一种是做不好别人交代的工作的人。这两种人都会成为首先被淘汰的人，或是在单调卑微的工作岗位上耗费终生的人。

树立及时充电的理念

你们一直在公司工作，有了10年以上工作经验，平时不断地锻炼自己、不断地进修了吗？一旦被派往主管职位的时候，有跟任何公司一较高下、把工作做好的胆量吗？如果谁有把握，那么请举手。

如果现在公司任命你担任分公司经理的话，你会怎样回答？你会以"尽力回报公司对我的重用，我会生产优良产品，并好好培训员工"回答我，还是以"我能胜任经理的职务，请安心地指派我"来马上回答呢？

一位企业老总在公司的总结会上发言，并提问大家是否进行了持续地学习、进步。

各位可能是由于谦虚,所以没有举手。到目前,很多深受公司、同行和社会称赞的主管,都是因为在委以重任时,表现优异。正是由于他们的领导,公司才有现在的发展,他们都是从年轻的时候起,就在自己的工作岗位上不断进修,认真学习工作要领的人。所以,当他们被委以重任时,能够充分发挥自己的优势,带来良好的成果。

这位老总环顾了一下四周,发现没有人举手,他继续发言。下属听了老总的话,表情各异。

一个人拥有了别人不可替代的能力,就会使自己立于不败之地。一个能在短时间内主动学习更多有关工作的知识,不单纯依赖公司培训,主动提高自身技能的人,就是公司不可替代的优秀员工。

在一定程度上,你的学习能力决定了你能在公司爬多高,因为任何工作都是需要学习才可以改进或者创新的。当一个人没有从外界学习新东西的能力或者兴趣时,当一个人不愿意或者没时间思考时,当一个人排斥创新时,他的进步与成长之路也就停止了。

规划自己的职业生涯

有一位作家，他在上大学的时候，因为在校刊上发表了一首诗，于是便开始努力写诗。两年之中写了上千首诗，却反应平平；接着，他写起古诗来，也不怎么样。

后来，他学写评论、散文、随笔，同样没有突出的成绩。

PART 08 你可以平凡，但不能平庸 135

> 小说才是最适合我的。感谢您送来我的第一笔稿费！

当他的第一个短篇小说发表之后，他才意识到，这种文学形式才是最适合自己的，于是便一发而不可收了，写了大批短篇小说，从而开始在中国文坛上崭露头角。

这位作家的经历说明，每一个人不见得都能完全认识到自己的才能。知己如同知彼一样，绝非易事。正因为这样，人们根据自身的特点，选择适合成才的目标，是要经过一番摸索、实践的。所以，有自知之明，善于找到自己最擅长的工作，才更容易获得成功。

我们应该经常问自己这样一个问题："我的下一份工作会是什么？"然后根据周围情况的变化和你现在工作的新需要，还有未来的潮流来决定你一年以后将从事什么工作，五年以后从事什么工作。然后问自己："我的下一份事业会是什么？"由于社会处于不断的变化之中，为了能够拥有成功而幸福的生活，你是否必须进入一个全新的领域？哪个领域最吸引你？如果你能在任何一个行业就业，你会选择哪个行业？在这些问题里面，也许最重要的一个问题是：为了能够在以后的日子里拥有高质量的生活，我必须在哪些方面非常优秀？

只有对未来有计划性，你才会明白现在该做什么。而职业生涯设计的目的绝不只是协助个人达到和实现个人目标，更重要的是帮助个人真正了解自己，并进一步评估内外环境的优势、限制，设计出合理且可行的职业生涯发展方向。

自动自发地工作

美国标准石油公司有一位被大家称为"每桶4美元"的员工。他只是一个小职员，之所以得到这样的称号，是因为这位员工在出差住旅馆的时候，或在写信和签收据的时候在一切需要签名的时候，总会在自己名字的下方加注"标准石油每桶4美元"的字样。久而久之，他的真名反而没人叫了。

身为公司的员工，我有义务这样宣传公司的产品……

阿基伯特

洛克菲勒

这个名字传到了董事长洛克菲勒的耳朵里，他说："想不到竟然有员工这样不遗余力地为公司进行宣传，我要见见他。"于是，洛克菲勒邀请那位员工共进晚餐。后来，洛克菲勒从标准石油公司卸任，他的继任者就是那个被称为"每桶4美元"的人，他的名字叫阿基伯特。

成功的机会不会白白降临，只有积极主动工作的员工才有获得更多更好机会的可能。如果你总是只在老板注意时才有好的表现，那么你永远也无法取得你想要的成功。如果你能够做到比老板期望的还要多，那么你就永远不用担心会没有机会。

行动起来，一切皆有可能

行动永远是第一位的

你这该千刀万剐的老天呀！你已经连续下了几天雨了，弄得我屋也漏了，粮食也霉了，柴火也湿了，衣服也没得换了，你让我怎么活呀？……

秋雨下了几天，在一个大院子里，有一个年轻人浑身淋得透湿，但他似乎毫无觉察，满面怒气地指着天空，高声大骂着。

既然明知没有用,为什么还在这里做蠢事呢?与其浪费力气在这里骂天,不如为自己撑起一把雨伞。自己动手去把屋顶修好,去邻家借些干柴,把衣服和粮食烘干,好好吃上一顿饭。

哼!它才不会生气呢,它根本听不见我在骂它,我骂它其实也没什么用!

你湿淋淋地站在雨中骂天,过两天,下雨的龙王一定会被你气死,再也不敢下雨了。

年轻人骂得越来越起劲,火气越来越大,但雨依旧淅淅沥沥,毫不停歇。这时,一位老者过来。听了老者的话,年轻人无言以对。

英国前首相本杰明·迪斯雷利说:"虽然行动不一定能带来令人满意的结果,但不采取行动就绝无满意的结果可言。"因此,如果你想取得成功,就必须先从行动开始。

业精于勤，荒于嬉

> 儿子，饿的时候你低头就能吃到饼了。

一位母亲在出门前，怕自己的儿子饿着，给他烙了几张足以吃一周的大饼，又怕儿子懒得动手，就给他套在了脖子上。

> 啊！！

然而，当她一周后回到家时，发现儿子已经死了，大饼却几乎没动。原来儿子只将脖前的饼啃掉，啃完后又懒得转饼，以便吃到另一面。结果就被饿死了。

懒惰，从某种意义上讲就是一种堕落，一种具有毁灭性的东西，它就像一种精神腐蚀剂一样，慢慢地侵蚀着你。一旦背上了懒惰的包袱，生活将是为你掘下的坟墓。

一位哲学家说:"世界上能登上金字塔顶的生物只有两种,一种是鹰,一种是蜗牛。不管是天资奇佳的鹰,还是资质平庸的蜗牛,能登上塔尖,极目四望,俯视万里,都离不开两个字——勤奋。"

避免好高骛远

有一个年轻人,给自己定下的目标是做一个伟大的政治家。但定下这个目标之后,他竟然什么都没有去做。他还在读高中,成绩平平。家里人督促他学习的时候,他也不以为意。

高三时,他已不专心学习了,似乎也不想去考大学,只是看课外书,他看的课外书当然都是一些政治人物传记,像《林肯传》《丘吉尔传》等。除了看伟人传记,他所做的就是玩了。

> 你们两个,吵什么嘛!要团结,要和平,不要闹矛盾!

　　在生活中,他也开始用大人物的眼光来看待人和事物。比如,他的妹妹和小姐妹闹矛盾了,他以领导者的口气批评她俩。当老师批评他学习不用功的时候,他也总是"据理力争"。由于沉浸在伟人梦中,不好好读书,结果他没考上大学。

　　从年轻人的表现来看,毫无疑问,他是个典型的好高骛远的人。所谓好高骛远,就是不切实际地追求过高的目标。每个人都有自己的极限,超过自己极限的事,当然是不可能做到的。

　　很多人都想在生活中寻找一条成功的捷径,其实成功的捷径很简单,那就是勤于积累,脚踏实地。

克服拖延的毛病

寒号鸟，别睡了，大好晴天，赶快做窝。

傻喜鹊，不要吵，太阳高照，正好睡觉！

山脚下有一堵石崖，崖上有一道缝，寒号鸟就把这道缝当作自己的窝。石崖对面的杨树上住着喜鹊。寒号鸟和喜鹊面对面住着，成了邻居。几阵秋风，树叶落尽。每天，喜鹊总是一早就飞出去，衔回来枯草，忙着做窝，准备过冬。寒号鸟却整天出去玩，累了就回来睡觉。

寒风快冻死我了，明天就做窝！

冬天说到就到，寒风呼呼地刮着。喜鹊住在温暖的窝里。寒号鸟在崖缝里冻得直打哆嗦。

趁天晴,快做窝,现在懒惰,将来难过!

傻喜鹊,别啰唆,天气暖和,得过且过。

第二天,风停了,太阳暖暖的,好像又是春天了。喜鹊来到崖缝前劝寒号鸟。

寒风快冻死我了,明天就做窝!

寒冬腊月,大雪纷飞。北风像狮子一样狂吼,崖缝里冷得像冰窖。寒号鸟重复着哀号。

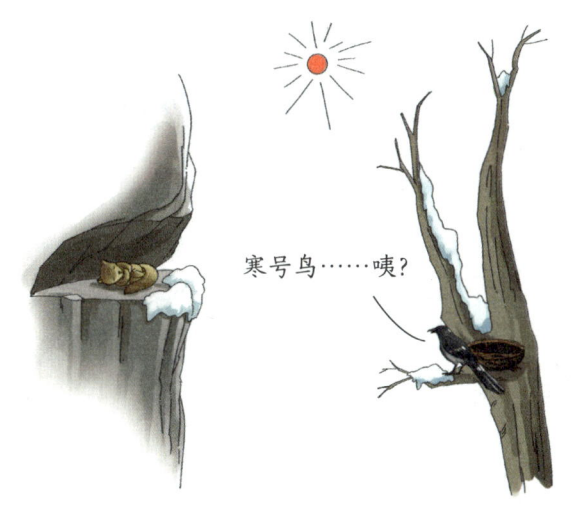

天亮了，太阳出来了，喜鹊在枝头呼唤寒号鸟。可是，寒号鸟已经在夜里冻死了。

生活中拖延的现象屡见不鲜，但拖延久了，事事拖延，就养成了一种习惯，这种习惯势必让你产生病态的拖延心理。拖延心理会让人一事无成，甚至毁掉你的前程。所以生活中一定要克服拖延，克服拖延你才能成功。

总有很多事需要完成，如果你正受到怠惰的钳制，那么不妨从碰见的任何一件事开始着手。这是件什么事并不重要，重要的是，你要突破无所事事的恶习。当你养成"现在就动手做"的习惯，那么你就将掌握个人主动进取的精髓。

PART 09
左右不了天气，但可以改变心情

做乐观的人
心小难成大器

现任将军尚且不能夜间通过，何况是前任的呢！

不能通过！

这是前任李将军！

汉代李广战功赫赫，但也免不了有心胸狭窄的缺点。李广出征匈奴失败，被贬为庶人后，一次与下属饮酒打猎，晚上回到霸陵亭，霸陵尉喝醉了，呵斥阻止李广，李广只好夜宿霸陵亭。

后来，皇帝重新起用李广，任命李广为右北平太守。李广请求霸陵尉与他一起赴任。

霸陵尉来到后，李广就杀了他，然后上书自行谢罪。多年后，李广在攻击匈奴途中迷路自尽的时候也说："我从少年起与匈奴作战七十多次，如今……大将军又调我的部队走迂回绕远的路，偏偏迷路，难道不是天意吗？况且我已六十多岁，毕竟不能再受那些刀笔吏的污辱。"于是，拔刀自刎了。

气量小的人难以成功，主要有以下几个方面的原因：

1. 缺乏包容性。容易对别人产生嫉妒、排斥或敌意。这种狭隘的心态使他们难以与他人建立良好的关系，影响团队合作和人际交往。

2. 视野狭隘。往往专注于自身的小利益，容易被眼前的得失困扰，而忽视更大的目标和长远的机会。

3. 抗压能力弱。在面对压力和挑战时容易情绪化，缺乏坚持和韧性。

4. 竞争心态强。过于关注竞争和比较，容易产生焦虑和不安，进而影响自己的表现和决策。

总之，气量小的人因为局限的心态、狭隘的视野和人际关系的障碍，难以适应复杂多变的环境。相反，具有开阔气量的人能够更好地包容他人、承受压力、把握机会，从而在成功的道路上走得更远。

不要让小事情牵着鼻子走

在非洲草原上，有一种吸血蝙蝠，它的身体极小，却是野马的天敌。这种蝙蝠靠吸动物的血生存。在攻击野马时，它常附在野马腿上，用锋利的牙齿迅速、敏捷地刺入野马腿，然后用尖尖的嘴吸食血液。无论野马怎么狂奔、暴跳，都无法赶走这种蝙蝠。蝙蝠直到吸饱才满意而去，野马则在暴怒、狂奔、流血中无奈地死去。

动物学家们百思不得其解，小小的吸血蝙蝠怎么会让庞大的野马毙命呢？于是，他们进行了一次试验，观察野马死亡的整个过程。结果发现，吸血蝙蝠所吸的血量是微不足道的，远远不会使野马毙命。动物学家们在分析这一问题时，一致认为野马的死亡是它暴躁的习性和狂奔所致，而不是因为蝙蝠吸血致死。

美国研究应激反应的专家理查德·卡尔森说："我们的恼怒有80%是自己造成的。""应激反应"是指身体和精神对极端刺激（噪声、时间压力和冲突）的防卫反应。在即使是非常轻微的恼怒情绪中，大脑也会命令分泌出更多的应激激素。这时呼吸道扩张，使大脑、心脏和肌肉系统吸入更多的氧气，血管扩大，心脏加快跳动，血糖水平升高。短时间的应激反应是无害的，使人受到压力是长时间的应激反应。

所以，生活中，我们要做理智的人，要控制住自己的情绪与行为，不要像野马那样为一点小事抓狂，多学习卡尔森把防止激动的方法归结为的话："请冷静下来！要承认生活是不公正的。任何人都不是完美的，任何事情都不会按计划进行。"

冷静从容地应对危难

不论碰到任何危险，妇女们总是一声尖叫，然后惊慌失措。而男士们碰到相同情形时，虽也有类似的感觉，但他们却多了一点勇气，能够适时地控制自己，冷静对待。可见，男士的这点勇气是最重要的。

如今的妇女已经有所进步，不再像以前那样，一见到老鼠就从椅子上跳起来……

一对英国殖民地官员夫妇在印度家中举办丰盛的宴会。客人中有当地的军官、政府官员及其夫人，另外还有一名美国学者。午餐中，一位年轻女士同一位上校进行了激烈的辩论。学者没有加入辩论，他默默地坐在一旁，仔细观察着在座的每一位。这时，他发现女主人露出奇怪的表情。很快，她招手叫来身后的一位男仆，对其一番耳语。仆人的双眼露出惊恐之色，很快离开了房间。

PART 09　左右不了天气，但可以改变心情　151

> 在印度，地上放一碗牛奶只代表一个意思，即引诱一条蛇。也就是说，这间房子里肯定有一条毒蛇。

　　没一会儿，学者看到那位仆人把一碗牛奶放在门外的走廊上。学者突然一惊。他抬头看屋顶，那里是毒蛇经常出没的地方，可什么也没有；再看饭厅的四个角，都空空如也。现在只剩下最后一个地方他还没看，那就是坐满客人的餐桌下面。

啊！

有蛇！

　　学者的第一反应是跑出去，同时警告其他人。但他转念一想，这样肯定会惊动桌下的毒蛇，而受惊的毒蛇很容易咬人。于是他跟众人说，他想试一试大家的控制力，他要开始数数，谁也不要动。大家安静下来，像雕像一样一动不动。几分钟过去，学者终于看见一条眼镜蛇向门外的牛奶爬去。他飞快地跑过去，把门关上。蛇被关在了外面，室内立即发出一片尖叫。

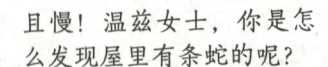

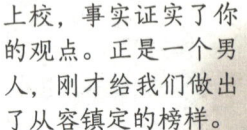

这时,男主人称赞上校的冷静。学者则认为冷静的另有其人。

在那样的危急时刻,女主人和学者所表现出来的冷静和勇气值得我们尊敬。在生活中,每个人都可能遇到许多意外的事情。这时,能保持一颗冷静镇定的心去应付一切,难能可贵。

在琐事之中获得生活的满足

本尼特的生父在他出世前就离开了,兄弟几个都由母亲抚养,本尼特的舅舅乔治就一直舅代父职。经济大萧条期间,舅舅上夜校,成了工程绘图员。本尼特自小就常听到别人说"看看乔治有什么意见"之类的话。显然,舅舅有才,又细心,很有人缘。

舅舅从来没有赚过很多钱,也从没得过任何荣誉,但他是个真正快乐的人。夏日周末的晚上,他和街坊在自家的厨房里一面听收音机播出的田园民歌,一面煮蚝汤。打烊时分,他坐在打工的杂货店柜台前,吃着乳酪和饼干,跟伙伴聊天……

本尼特舅舅那一代人,都偶尔会说起在经济大萧条时期所受的煎熬。他的舅舅也有过同样的遭遇,但从来不提。舅舅童年时外公就去世了,从此他挑起养家的责任,尝尽了艰苦。他很少提起童年,提起的都是最快乐的事。直到本尼特被大学录取,舅舅为他高兴时,本尼特才发觉,舅舅其实很渴望自己当年也有这么一个机会。

舅舅似乎总能从最细微的事物得到快乐与满足。比如,刚从菜圃摘的番茄的味道,透过溪畔悬铃木的晨曦……他欣赏别人拥有的东西,如他赞赏别人华贵的大轿车,但没有丝毫妒忌之意。他对别人的工作和兴趣总是兴致勃勃,因此朋友有什么梦想、遇到什么困难,就会讲给我听……

有一次,舅舅向人借了一个大望远镜,选了个无云的夏夜,在后院架起来,和孩子们一起仰望火星、金星和一弯新月,听着蟋蟀唧唧叫。

本尼特刚毕业时，舅舅突然逝世。本尼特走进舅舅的卧室，看到舅舅用来做书签的纸片上写了这样的话。那一刻，本尼特恍然大悟，舅舅的秘密——令他那么快乐的秘密。

在生活的琐事中也可以感到满足，在平凡的生活中也可以享受快乐。生活本是一连串的小事组成，幸福也并非大富大贵这类让人心跳加快的突降之福。琐事本是生活的折射，懂得从琐事中享受生活的人，懂得从平淡之中安闲乐适的人，才是有好心态的人。这样的人，任何困难都不会阻挡他前进的步伐。

告诉自己，我可以坚持

失败了也要昂首挺胸

你们是国家的骄傲！

欢迎！欢迎！

　　1958 年，巴西足球队第一次赢得世界杯冠军回国时，专机一进入国境，16 架喷气式战斗机立即为之护航，当飞机降落在机场时，聚集在机场上的欢迎者达 3 万人。从机场到首都广场 20 公里的道路上，自动聚集起来的人群超过了 100 万。多么宏大和激动人心的场面！然而前一届的欢迎仪式却是另一番景象。

1954年,巴西人都认为巴西队能获得世界杯赛冠军。可是,天有不测风云,在半决赛中巴西队却意外地败给法国队,结果那个金灿灿的奖杯没有被带回巴西。球员们悲痛至极。飞机进入巴西领空,他们坐立不安。

当飞机降落在首都机场的时候,队员们惊呆了:巴西总统和两万名球迷默默地站在机场。队员们见此情景顿时泪流满面。总统和球迷们都没有讲话,他们默默地目送着球员们离开机场。四年后,他们终于捧回了冠军奖杯。

失败并不可怕，可怕的是失败了之后你会消沉下去，一蹶不振。要学会摆脱失败的阴影，在失败面前昂首挺胸。

世界上有无数强者，即使丧失了他们所拥有的一切东西，也还不能把他们叫作失败者，因为他们仍然有不可屈服的意志，有着一种坚忍不拔的精神，而这些足以使他们从失败中崛起，走向更伟大的成功。

要想真正战胜失败，关键是要学会正视失败，从中吸取教训，下次不再犯同样的错误。只有愚蠢到不可救药的人才会在同一个地方被一块石头绊倒两次。

坚强，唤起坚不可摧的希望

> 这孩子几乎不可能活过24小时。

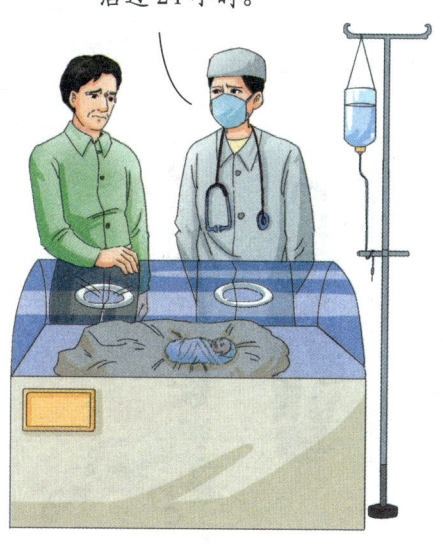

他刚出生时只有可乐罐子那么大，躺在观察室里奄奄一息。他的腿是畸形，没有肛门（医生只好给他割了道深口，让他能痛苦地排便），而且他的膀胱和肠也不正常。医生断言他情况不乐观。然而，他挣扎着，活过了一周，又一周……他顽强地活了下来。

当他进入学校时，他压根也没有想到迎接自己的却是噩梦。个头矮小的他成了学校调皮学生的玩偶：他们掀翻他的轮椅，弄坏他轮椅上的刹车；最可怕的一次是几个同学用绳子绑住他的手，用胶纸封住他的嘴，把他扔进垃圾箱里，接着在垃圾箱外点起了火，滚滚浓烟令他窒息，他万分惊恐，直到一位老师将他解救出来……

高中毕业后，他决定给自己找个工作。每天早上，他趴在滑板上，敲开一家又一家的店门，问店主是否愿意雇用他。可很多店主打开门时，根本就没有发现几乎趴在地上的他。经过无数次应聘失败后，他终于在几公里外的一家工厂找到了工作。为了按时上班，他每天四点半就要起床。尽管生活艰辛，但是能够自食其力，他勇敢而快乐地活着。

> 100 次摔倒，可以 101 次站起来；1000 次摔倒，可以 1001 次站起来。摔倒多少次都没有关系，关键是最后你有没有站起来。
>
> ——约翰·库缇斯

从 12 岁起，他开始打室内板球，后来还喜欢上了举重与轮椅橄榄球。由于上肢的长期锻炼，他的手臂有着惊人的力量。1992～1994 年，他连续三年获得澳大利亚残疾人乒乓球冠军；2000 年，参加澳大利亚举重比赛，排名第二，同年，获得板球、橄榄球二级教练证书……他就是世界上公认的国际超级激励大师——约翰·库缇斯。

是坚强，让约翰·库缇斯看到了生活的希望；也是坚强，让他成为人们心中的英雄。

在这个世界上，没有什么门槛是迈不过去的，没有什么难关是攻克不了的。所以，不要遇到一点困难就觉得生活已经没有希望了，也不要因为一点压力就觉得自己挺不过去了。其实很多时候，困难并没有我们想象中那么可怕，只要你勇敢一点，坚强一点，再撑一撑，痛苦的一页很快就会翻过去了。

不放弃万分之一的成功机会

这厂子属于您了！

王永庆

1980年，美国经济陷入低潮，石化工业普遍不景气，关闭、停产的化工厂比比皆是。经济萧条期间，许多企业家抱着观望的态度，不敢贸然行动。那些濒临倒闭的石化厂虽然亏本出售，却仍无人问津。但是王永庆却发动攻势，以出人意料的低价，买下休斯敦的一家石化厂，在那儿筹建了全世界规模最大的PVC塑胶工厂。

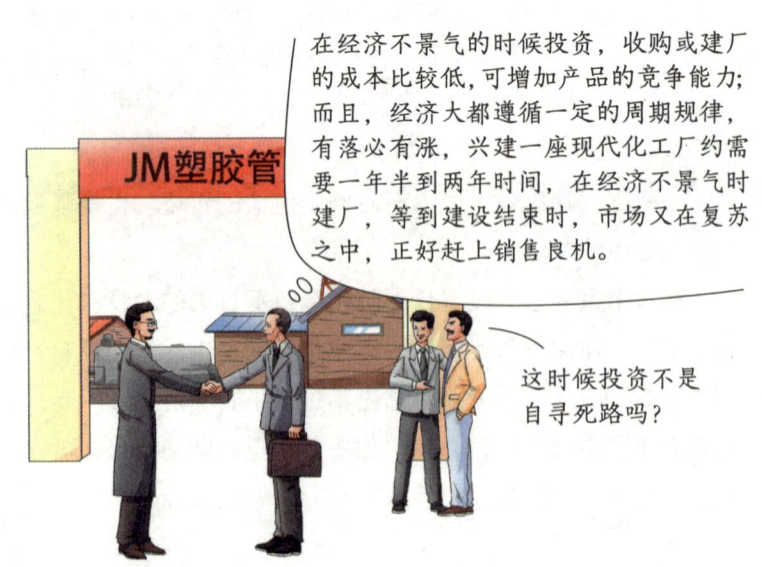

在经济不景气的时候投资，收购或建厂的成本比较低，可增加产品的竞争能力；而且，经济大都遵循一定的周期规律，有落必有涨，兴建一座现代化工厂约需要一年半到两年时间，在经济不景气时建厂，等到建设结束时，市场又在复苏之中，正好赶上销售良机。

这时候投资不是自寻死路吗？

第二年，王永庆又以迅雷不及掩耳的速度又买下两家石化厂。1982年，王永庆更以1950万美元买下了美国JM塑胶管公司的八个PVC下游厂。王永庆的这些大胆举动令同行大为不解。

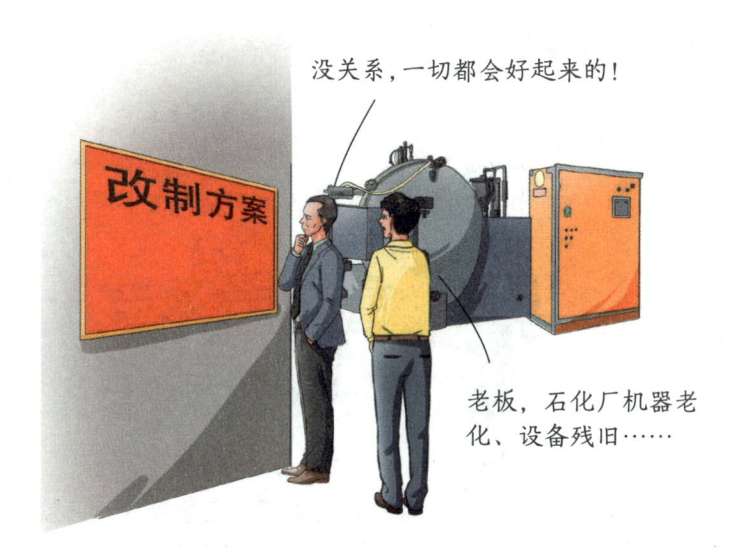

不过，经济复苏却花了很长的一段时间，加上收购的工厂出现了一系列的问题，让王永庆一年时间亏损了 800 万美元。不过，王永庆没有灰心，他通过改制，让工厂的面貌有了彻底改观，生产很快走上了正轨。经过台塑人的辛勤奋斗，到 1983 年底，王永庆在美国的 PVC 厂每年的产量达 39 万吨，加上台塑原有的 55 万吨生产能力，合计年产量达到 94 万吨，台塑企业成了世界上产量最大的 PVC 制造商。

生活中有无数的挑战，也有无数次与你擦肩而过的机会，有些人视而不见，而另外一些人却牢牢地抓住了它。有时候一次机会就会造就一个人的命运。很多人空有一身本领，却不懂得如何抓住机会，所以一生"怀才不遇"，而一些人却总走得比别人远。

成功属于坚忍不拔的人

莎莉·拉斐尔是美国著名的电视节目主持人，两度获奖，在美国、英国等地每天有 800 万观众收看她的节目。可是在她 30 年的职业生涯中，却被辞退 18 次。刚开始，很多无线电台都认定女性主持不能吸引观众，因此没有一家愿意雇用她。后来有一次，某地发生暴乱事件，她想去采访，可通讯社拒绝她的申请，于是她自己凑够费用飞到那里采访。

1981 年，她被一家电台辞退，无事可做的时候，她有了一个节目构想。虽然很多广播公司觉得她的构想不错，但碍于她是女性，最终还是放弃了。最后她终于说服了一家公司，获得了雇用。1982 年，她的节目开播。她充分发挥自己的健谈长处，还请观众打来电话互动交流。令人想不到的是，节目很成功，观众非常喜欢她的主持方式，所以她很快成名了。

PART 09 左右不了天气，但可以改变心情 163

> 我被人辞退了 18 次，本来大有可能被这些遭遇所吓退，做不成我想做的事情。但结果恰恰相反，我让它们鞭策我前进……

后来，当别人问她成功的经验时，她说是因为自己屡败屡战的坚持。可见，正是这种不屈不挠的性格使莎莉在逆境中避免了一蹶不振、默默无闻，走向成功。

生活陷入困顿，人生陷入低谷，这个时候你在想些什么？就打算这样过一辈子吗？当然不能。面对生活的不幸，我们只有依靠坚韧的态度来承担风雨，才有机会重见阳光。

PART 10
灵活应变，才能路路畅通

以变应变，上乘变术
根据事情的变化采取行动

> 我的两个儿子也成人了，也是一个学文，一个学武，怎么才能像您的儿子一样成才呢？

战国时期，施氏和孟氏两家是邻居。施家有两个儿子，一个学文，一个学武。学文的儿子去游说鲁国的国君，阐明了以仁道治国的道理，鲁国国君重用了他。学武的儿子去了楚国，楚国正好与邻邦作战，楚王见他武艺高强，有勇有谋，就提升他为军官。孟氏见施氏的两个儿子都成才，就向施氏讨教，施氏向他说明了两个儿子的经历。孟氏记在心里。

孟氏回家以后，向两个儿子传授机宜。于是，他学文的儿子去了秦国，秦王当时正准备吞并各诸侯，对文道一点也听不进去，就将这人砍掉了一只脚，逐出秦国。他学武的儿子到了赵国，赵国因连年征战，民困国乏，这个儿子的尚武精神引起了赵王的厌烦，赵王下令砍掉了他的一只胳膊，逐出了赵国。

大凡能把握时机的就能昌盛，而断送时机的就会灭亡。你的儿子跟我的儿子学问一样，但建立的功业却大不相同。原因是他们错过了时机，并非他们在方法上有何错误。况且天下的道理并非永远是对的，天下的事情也非永远是错的。以前所用，今天或许就会被抛弃；今天被抛弃的，也许以后还会派上用场，这种用与不用，并无绝对的客观标准。人必须能够见机行事，懂得权衡变化，因为处世并无固定法则……

孟氏之子与邻居施氏的儿子条件一样，却形成两种结果，这是为什么呢？原来，是孟家父子不懂变化之道的缘故啊。

相同的事情,别人做得很顺利,到你做的时候一定不要照搬,因为可能事情已经发生变化了。

事物都是处在不断地变化和发展之中,如果凡事都照搬教条,而不知随机应变、具体情况具体分析,那就难免失策。形势瞬息万变,云谲波诡,所以必须从实际出发,相机行事,照搬教条只能使人自食恶果。在付诸实践时也应灵活机动,切忌僵化不变、形而上学。

办事不要走极端

商朝时期,孤竹君的两个儿子伯夷、叔齐不肯继承君位逃走了。听说西伯昌能够很好地赡养老人,就想去投奔他。可是到了后发现,西伯昌已经死了,他的儿子武王把他的木制灵牌载在兵车上,出兵讨伐殷纣。武王身边的随从要杀掉他们,太公吕尚拦住,让人搀扶着他俩离开了。

登彼西山兮，采其薇矣。以暴易暴兮，不知其非矣。神农、虞、夏忽焉没兮，我安适归矣？于嗟徂兮，命之衰矣！

等到武王平定了商纣的暴乱，天下都归顺了周朝，可是伯夷、叔齐却认为这是耻辱的事情，他们坚持仁义，不吃周朝的粮食，隐居山上，靠采摘野菜充饥，于是饿死在首阳山。

追求仁德是圣贤所为，但凡事都不应钻牛角尖，伯夷、叔齐就是因为太强调仁德不会变通，才饿死在首阳山。

换个思路，变废为宝

对！所有人都知道每磅铜的价格是35美分，但你应该说3.5美元。你试着把一磅铜做成门把看看。

35美分。

一磅铜的价格是多少？

1946年，休斯敦有一对做铜器生意的父子俩。有一次，父亲故意出问题考验儿子，儿子从父亲的回答中学到了独特的生意经。

父亲死后，儿子独自经营铜器店。他运用从父亲那学到的生意经，做过铜鼓、做过瑞士钟表上的簧片、做过奥运会的奖牌，生意做得很顺利。然而，真正使他走向富有的，是纽约州的一堆垃圾。1974年，美国政府为清理那些给自由女神像翻新扔下的废料，向社会广泛招标。但好几个月过去了，没人应标。这个儿子看到自由女神像下堆积如山的铜块、螺丝和木料后，未提任何条件，立即就签了字。

就在一些人等着看他的笑话时，他开始组织工人对废料进行分类。他让人把废铜熔化，铸成小自由女神像；再把木头加工成木座；废铅、废铝做成纽约广场的钥匙。最后他甚至把从自由女神像身上扫下的灰尘都包装起来，出售给花店。不到3个月时间，他将这堆废料变成了350万美元，每磅铜的价格整整翻了1万倍。他就是后来麦考尔公司的董事长。

同样的事情，用一种思路来看，可能只是平常；但若换个思路，结果往往迥然不同。懂得变通的人，常常善于转换思路可以从看似平淡的事情中，找到巨大的商机！

在平常人看起来，不过是一钱不值的一堆垃圾，可是对于懂得变通的人来说，稍微换个思路，垃圾也能卖出大价钱。

除了妻儿，一切都要变

上下班工作时间由原来的朝九晚五变成朝七晚四，这次的变革动作真大！

我得抓紧时间学外语！

1987 年，李健熙从父亲手中接过三星集团这个大摊子。1993 年，他开始重塑三星，并且提出"除了妻儿，一切都要变"的口号。变革从改变上下班工作时间开始。三星人从此意识到改革开始了，很多人从以前的闲散的心态中恢复过来，开始利用早下班的时间学习外语、培训进修，这些努力为日后三星集团扩展海外市场打下了坚实的基础。

1997年，韩国受到东南亚金融危机的强烈影响，很多大企业纷纷破产倒闭，三星集团也受到影响。危机重重下，李健熙决心再次重整三星。在他的带领下，三星集团制定了明确的战略方向，不断推进变革，影响深远。2009年，三星首次挺进全球品牌价值20强排名。2024年2月，2024全球品牌价值500强全部名单发布，三星位列第五。

生活是无情的，它不允许任何人停止前进的步伐，否则就会被它抛弃。这种情况下，唯一的应变之道就是快速适应变化。随着情况的变化而变化，甚至在情况变化之前改变，这样才能制胜、无敌。

"除了妻儿，一切都要变"是一种变化的决心，也是一种应对市场变化的信念和心态。失去了变化的心态，无论曾经有多么辉煌，也无法抵挡竞争的浪潮，终将被湮灭。

计划赶不上变化

1919 年,希尔顿来到得克萨斯州,那里云集着大批来发石油财的冒险家们。希尔顿迫不及待地想以买进卖出银行而致富,他连续跑了两个城镇,问了十几家银行,回答都是不卖。他碰了一鼻子灰,却并未气馁,他来到第三个城镇锡斯科。他刚下火车,走进当地一家银行询问,就被告知它正待出售。卖主不住这儿,他立即给卖主发电报,愿按其要价买这家银行。

然而,没过多久,卖主在回电中却将售价涨至 8 万美元。希尔顿气得火冒三丈,当即决定彻底放弃当银行家的念头。他后来回忆道:"就这样,那封回电改变了我一生的命运。"

④对！任何人，只要出 5 万美元，今晚就可以拥有这儿的一切。

②是的。我赚不到什么钱，还不如抽资金到油田去赚更多的钱！

③你的意思是，这家旅馆准备出售？

①你是这家旅馆的老板吗？

莫布利旅馆

碰壁之后，希尔顿余怒未消地来到马路对面的一家旅馆准备投宿，谁知客已经满了。看到一个先生在清理、驱赶人群，他忽然灵机一动。得知这家旅馆也要出售之后，希尔顿心中猛地一喜。

三个小时后，希尔顿在仔细查阅了莫布利旅馆账簿的基础上，经过讨价还价，卖主最后同意以 4 万美元出售。这以后，希尔顿立即四处筹借现金，终于在期限截止前几分钟将钱全部送到。就这样，莫布利旅馆易了主。当天晚上，旅馆全部客满，希尔顿只好睡在办公室里。就这样，希尔顿开启了他"旅馆大王"的第一页。

工作中没有一成不变的计划，生活也是一样。正如"计划赶不上变化"这句俗语告诉我们的道理：在制定计划时要充分考虑各种可能性和不确定性因素，保持灵活性和适应性；同时，在执行计划的过程中要密切关注外部环境的变化和内部条件的调整需求，及时做出必要的调整和优化。只有这样，我们才能更好地应对变化带来的挑战和机遇。

面对危机,应变有道

隐藏自我,功成不居

运筹帷幄,决胜千里之外,这是子房的功劳。爱卿可自择齐国三万户为食邑……

臣无尺寸之功……

刘邦

张良

张良是汉高帝刘邦的谋士,他智慧过人,屡出奇计,为西汉的建立立了不朽的功劳。公元前 201 年,刘邦大封包括张良在内的功臣。张良却推辞不受,最后被封为留侯。

正因如此，我才有如此抉择啊！我年轻时追随陛下，唯恐义不倾尽，智有所穷，方有今日的虚名。时下大局已定，天下太平，谋略当是无用之物了，我还能彰显其能吗？谋有其时，智有其废，进退应时，方为智者啊！

富贵荣华，这是人人都不愿放弃的，大人何以功成之时，一概不求呢？大人也曾是义气中人，这样销声匿迹，岂不太可惜了吗？请大人三思。

与张良同时期的文臣武将大都积极参与朝政、谋求财富、扩建府邸、张扬行事。张良却闭门不出，在家潜心修炼神仙之术。跟随张良多年的心腹替张良惋惜和不平，忍不住询问。听了张良的回答，心腹恍然大悟，对他更加敬佩。

朝政动荡，刘邦认为太子懦弱，且察觉吕后有异心，遂有了改易太子之意。吕后派人去求张良，软硬兼施之下，张良无奈给她出了主意。吕后依计行事，果然保住了儿子的太子之位。吕后派人向张良致谢，张良不矜不伐。后来，吕后把持朝政、铲除异己，众功臣多死于非命，唯张良安稳度过了晚年。

庄子说："直木先伐，甘井先竭。"意思是，人们伐木时多半选挺直的树木，因而使之遭到破坏；吃水也会选择甘甜的井水，因而使之干涸。做人一定要会隐藏自我，即使必须抛头露面，偶尔也可采取无为之治的原则行事。比如，职场中，当你的光芒遮盖了上司，抢了上司的风头，上司受到威胁，你的地位就容易不稳。这时候，适时的隐藏自我就可让你顺利度过危机。

做事情要善于变通，既不能做了好事不留名，也不能显得好大喜功。遭遇危机时，不妨试试退居幕后，隐藏自我。

随机转变，化险为夷

郭德成性格豁达，十分机敏，特别喜爱喝酒。在元末动乱的年代里，他和哥哥郭兴一起随朱元璋转战沙场，立了不少战功。一次，郭德成陪朱元璋喝酒，酒性大发。杯来盏去，渐渐地，郭德成醉眼蒙眬。眼看时间不早，郭德成向朱元璋辞谢，但是大意失言。朱元璋听了他的话，虽然闷闷不乐，但还是高抬贵手，让他回了家。

郭德成酒醉醒来，想到自己在皇上面前失言，恐惧万分，冷汗直流。原来，朱元璋少时做过和尚，如今最忌讳的就是"光""僧"等字眼。郭德成怎么也想不到，自己这样糊涂，这样大胆，竟然戳了皇上的痛处。郭德成知道朱元璋对这件事不会轻易放过，自己以后难免有杀身之祸。他苦苦地为保全自身寻找妙计。

> 德成真是个奇男子，原先我以为他讨厌头发是假，想不到真是个醉鬼和尚！

过了几天，郭德成继续喝酒，狂放不羁，和过去一样，只是进寺庙剃光了头，真的做了和尚，整日身披袈裟，念着佛经。朱元璋看见郭德成真做了和尚，心中的疑虑、嫉恨全消。

后来，朱元璋猜忌有功之臣，原来的许多大将纷纷被他找借口杀掉了，而郭德成保全了性命。这是由于他能够从小的祸事看到以后事态的发展，提前避祸，才不至于招来杀身之祸。

加之不怒，宠辱不惊

大王经常让陈轸往来于秦国和楚国之间，可现在楚国对秦国并不比以前友好，但对陈轸却特别好。可见，陈轸的所作所为全是为了他自己，并不是诚心诚意为我们秦国做事。听说陈轸还常常把秦国的机密泄漏给楚国。作为您的臣子，怎么能这样做呢？最近我又听说他打算离开秦国到楚国去。要是这样，大王还不如杀掉他！

有这事？

张仪

秦惠文王

战国时期，张仪和陈轸都投靠到秦惠文王门下，受到重用。不久，张仪便产生了嫉妒心，因为他发现陈轸很有才干，甚至比自己还要强，他担心日子一长，秦惠文王会冷落自己，喜欢陈轸。于是，他便找机会在秦惠文王面前说陈轸的坏话。

⑤据说楚国有个人有两个妾。有人勾引那个年纪大一些的妾,却被那个妾大骂了一顿。他又去勾引那个年纪轻的妾,年轻的妾对他很友好。后来,楚国那个人死了。有人就问那个勾引两个妾的:"如果你要娶她们做妻子的话,是娶那个年纪大的呢,还是娶那个年纪轻的呢?"他回答说:"娶那个年纪大些的。"这个人又问他:"年纪大的骂你,年纪轻的喜欢你,你为什么要娶那个年纪大的呢?"他说:"处在她那时的地位,我当然希望她答应我。她骂我,说明她对丈夫很忠诚。现在要做我的妻子了,我当然也希望她对我忠贞,而对那些勾引她的人破口大骂。"大王您想想看,我身为楚国的臣子,如果我常把秦国的机密泄露给楚国,楚国会信任我、重用我吗?楚国会收留我吗?我是不是楚国的同党,大王您该明白了吧?

④对,去楚国这事不单张仪知道,连过路的人都知道。但是,我如果不忠于大王您,楚王又怎么会要我做他的臣子呢?可怜我一片忠心,却被怀疑。那么,我不去楚国又到哪里去呢?

③看来张仪说的是真的。

①听说你想离开我这儿,准备上哪儿去呢?告诉我吧,我好为你准备车马呀!

②我准备到楚国去。

听了张仪的这番话,秦王很生气,马上传令召见陈轸。陈轸听了秦王的问话,觉得莫名其妙。但他很快明白了,是张仪在背后捣鬼。于是,他顺着秦王说的慢慢解释。秦惠文王听后,不仅消除了疑虑,而且更加信任陈轸,给了他更优厚的待遇。

生活中,每个人都有被陷害、被冤枉或被误解的时候,当发现有人攻击和诬陷我们的时候,不要惊慌,要冷静地进行解释和辩解,尽快消除一切误会,这样才能保护自己的利益。

临危不乱，以智取胜

喂！上边的漆匠下来！！

唉，我当年不过为饥寒所迫，想当个盗贼，抢掠些金银财物而已，哪曾想能有今日这番气象！

不能让任何人知道的想法可能都已经落入这名漆匠耳中了。如果不杀了他，势必会传扬得四海皆知，那可是丢人丢脸又愚弄百姓的大事……

　　朱元璋定鼎南京后，开工兴建宫殿。他住进建好的皇宫，到处走动，熟悉环境。一天，他走到一间刚完工的大殿里，看着雕梁画栋、金碧辉煌的大殿，回想自己当年当和尚的情景，感慨丛生，四下顾望无人，便信口把心中所想说了出来。说完后，仰面观看棚壁，却吓了一跳。原来有一个漆匠正在大梁上做最后的油漆工作。朱元璋开口让那名漆匠下来，连喊了几遍，漆匠充耳不闻，继续做着手中的活儿。

陛下真英明,连小人耳朵有点聋都知道。陛下圣明,这是小人和万民的莫大福分!

你耳聋了吗?我叫了你几遍你都不下来!

他脸上神色并无太大变化,正常人骤然听到这样大的秘密,自然知道厉害,不吓得掉下来,也会面无人色,不会如此平静,看来他真是耳朵有些不灵敏的人呢!

小人不知陛下驾到,没有及时避开,冒犯了陛下,请陛下恕罪。

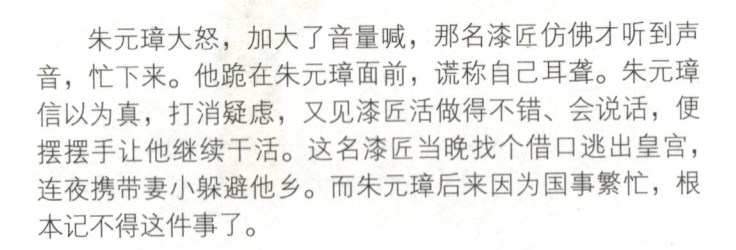

朱元璋大怒,加大了音量喊,那名漆匠仿佛才听到声音,忙下来。他跪在朱元璋面前,谎称自己耳聋。朱元璋信以为真,打消疑虑,又见漆匠活做得不错、会说话,便摆摆手让他继续干活。这名漆匠当晚找个借口逃出皇宫,连夜携带妻小躲避他乡。而朱元璋后来因为国事繁忙,根本记不得这件事了。

那名漆匠骤然听到天大的秘密却不惊不慌的态度,真有"泰山崩于前而色不变"的大将风度,马上又想到用耳聋来保护自己。这份机智是人所难及的,所以他能躲过生性多疑的朱元璋的盛怒,绝处逢生。

善意谎言，化险为夷

出师不利，天降凶雨。

我梦见神人指示，南征必败……

北宋年间，朝廷遣狄青领兵南征。当时朝廷中主和、妥协派势力颇强，狄青所部亦有些将领怯战，有的甚至散播谣言，军中不少有迷信思想的官兵尽皆惶然，一时军心涣散。为此，狄青十分忧虑。大军途经桂林，恰逢大雨，一连数天，乌云蔽日。此时军中谣言更。

狄青此次出兵南征，如能大获全胜，铜钱当红面向上！

此战必胜，这是上天助我！速取来长钉，把铜钱牢钉在地，等到班师之日，再来感谢神灵取钱吧！

必胜！

一天，狄青带领偏将冒雨巡视，路经一座古庙，见冒雨进香占卜者不少。原来民众都说这座庙神佛灵验，有求必应，所以终年拜佛占卜者络绎不绝。狄青听罢，心生妙计。次日，他领将士入庙拜佛占卜。狄青将铜钱一掷，卦象大吉。将士们惊异万分，奔走相告，一时士气大振。

奇怪！这百枚铜钱怎么两面都是红色？

此举绝非神灵，其实是本将军借神佛之灵，鼓舞士气罢了！

第二天，宋军士气高昂，所向披靡，直把敌军杀得丢盔弃甲，溃不成军。宋军班师回朝，狄青高兴地带领将士到古庙谢神还愿。拔钉取钱时，一位偏将惊奇地发现铜钱两面都是红色。原来是将军狄青私下命人将铜钱两面都涂成红色，故弄玄虚。他利用将士们的迷信心理，化厌战情绪为勇战情绪，最终一鼓作气战胜敌军。

有些时候，面对极其不利的事情，危难压境，群心恻然，这时不如来点善意的谎言，重新点燃大家的希望，反而比道出实情更能使事情往积极的方向发展。

PART 11
没有办不到的事，只有不会变通的人

多想一步，巧思一分
没有笨死的牛，只有愚死的汉

②别担心，三个月以后，我们就可以靠这些廉价货物发大财了！

①咱们历年积蓄下来的钱数量有限，而且是准备给你办婚事用的。如果此举血本无归，那么后果便不堪设想。

③真是个蠢材！

十条毛巾一元

亨利

　　有一年，某市经济萧条，不少工厂和商店纷纷倒闭，商人们被迫贱价抛售自己堆积如山的存货，价钱低到1元钱可以买到10条毛巾。那时，亨利还是一家纺织厂的小技师。他马上用自己积蓄的钱收购低价货物。人们见到他这样做，都嘲笑他。母亲劝他不要购入，他也只是耐心解释，依旧收购货物，并租了很大的货仓来贮存。

你瞧,当时我就劝你……

亨利的话似乎兑现不了。过了十多天后,那些商人即使降价抛售也找不到买主了,他们便把所有存货用车运走烧掉。他母亲看到,不由得焦急万分,便开始抱怨。对于母亲的抱怨,亨利一言不发。

② 是抛售的时候了,再拖延一段时间,就会后悔莫及。

① 暂时不忙把货物出售,因为物价还在一天一天飞涨。

终于,政府采取了紧急行动,稳定了当地的物价,并且大力支持经济复苏。这个城市因焚烧的货物过多,商品紧缺,物价一天天飞涨。亨利马上把自己库存的大量货物抛售出去,一来赚了一大笔钱,二来使市场物价得以稳定,不致暴涨。亨利的存货刚刚售完,物价便跌了下来。他用这笔赚来的钱,开设了五家百货商店,生意十分兴隆。后来,亨利成了当地举足轻重的商业巨子。

PART 11 没有办不到的事，只有不会变通的人　187

面对问题，如果你只是沮丧地待在屋子里，便会有禁锢的感觉，自然找不到解决问题的正确方法。如果将你的心锁打开，开动脑筋，勇敢地走出自己固定思维的枷锁，你将收获很多。

三分苦干，七分巧干

要在单位站稳脚跟，得到大家的认可，不能只靠苦干，更要靠巧干。怎样才能做到这点呢？

小陈出生在一个穷困的山村，从小家里就很困难。18岁时，他独自到城里谋生。他没什么学历，也没经验，找工作十分困难。好不容易在建筑工地上找到了一份打杂的活。工钱很低，但他工作很卖力，除此之外，他也想尽办法多挣钱、多省钱。

三国时，蜀魏交兵，司马懿统领魏军兵至祁山，诸葛亮料定魏军必夺汉中咽喉要地街亭，选将防守……

这个年轻人口才不错啊！

为了更巧妙地干活，小陈想到了一个点子：工地的生活十分枯燥，能不能让大家的业余生活过得丰富一点呢？他买了《三国演义》《水浒传》等名著，认真阅读后，就给大家讲故事。这一来，晚饭后的时间，总是大家最开心的时间。每天，工地上都洋溢着工友们欢乐的笑声。老板发现小陈有非常好的口才，将他提升为公关业务员。

这个项目我没有把握做好。如果你看得准，由你牵头来做，我可以为你提供帮助。

这真是一个可以创业的绝好机会！

小陈极受鼓舞。于是，他便将主动找方法运用到工作的各个方面。不久，小陈就成了领导的左膀右臂。一次，公司本来承包了一个工程，但由于各种原因，难度太大，决定放弃。作为一个凡事都爱"三分苦干，七分巧干"的人，小陈力劝领导别放弃。领导看他充满热情，就将项目交给他负责。经过努力，项目终于如期完成了，小陈掘到了人生的第一桶金。不久，他便成立了自己的建筑公司，并且事业越做越大。

很多人认为，只有苦干才能成功。但无数成功者的经验表明，一个人要走向成功不能只会苦干，更要学会巧干。因为现在是巧干升值的时代，善于巧干的人会少走弯路，更快地走向成功。

一件事情需要三分的苦干加七分的巧干才能完美。也就是说，"苦"的坚韧离不开"巧"的灵活。一个人做事，若只知下苦功夫，则易走入死道；若只知用巧，则难免缺乏"根基"。唯有三分苦加上七分巧才更容易走向成功。

没有办法就是没有想出新方法

您想在上面写些什么字呢？

我……我想写上：亲爱的，我爱你。

原来她想写一些很亲热的话，又不好意思让旁人知道。有这种想法的客人肯定不止她一个。

我们店里糕点师用来在蛋糕上写字的专用工具，可不可以多进一些呢？只要顾客来买蛋糕，就赠送一支，这样客人就可以自己在蛋糕上写一些祝福语，即使是隐私的话也不怕被人看到了。

程老板开了一家蛋糕店。这个行业，竞争本来就十分激烈，加上陈老板当初在选择店址上有些失误，开在了一个比较偏僻的胡同里，因此，自从蛋糕店开张后，生意一直不好，不到半年，就支撑不下去了。面对收支严重失衡的状况，陈老板无奈地想结束生意。这时，店里负责卖糕点的一个女员工给他提了一个建议。

> 我很幸运，有一位善于找方法解决问题的员工。如果没有她，我的店很可能早就关门了！现在，她成了我的左膀右臂，好主意层出不穷……

> 程先生，跟我们分享一下您的创业经验吧！

　　一开始，程老板并没有将这个创意太当回事，只是抱着尝试的心理同意了，并做了一些简单的宣传。没想到，在接下来的一个星期中，顾客比平时增加了两倍，每个客人都是冲着那支可以在蛋糕上写字的笔来的。后来，程老板按照这个思路开了多家分店。

　　有人说，这个世界上有两种人：一种人是看见了问题，然后界定和描述这个问题，并且抱怨这个问题，结果自己也成为这个问题的一部分。另一种人是观察问题，并立刻开始寻找解决问题的办法，结果在解决问题的过程中自己的能力得到了锻炼、品位得到了提升。

　　你愿意成为问题的一部分，还是成为解决问题的人呢？这个选择决定了你是一个推动公司发展的关键员工，还是一个拖公司后腿的问题员工。

找对方法，问题迎刃而解

同样的工作，采用不同的方法，所取得的效果是不一样的。很多人工作很努力，业绩却不太理想，其中最主要的原因就是他们没有找到正确的方法。

小王和小李在同一家公司上班，在同一办公室里做着相同的工作。这天，她们面临着同样的事情：

1. 给分公司打电话，并答复他们的询问；
2. 完成部门工作计划书，第二天交给上司；
3. 约见一位重要的客户；
4. 11：30 去机场接许多年没见面的同学；
5. 去医院，诊治花粉过敏症；
6. 去银行办理相关的手续；
7. 下班后和先生约会，庆祝结婚纪念日。

我们先来看看小王是怎么做的。

因为前一天晚上睡晚了，所以小王早晨起床有些迟，她匆忙打车到公司，还是迟到了。一进办公室的门，就听到电话响个不停。她打开电脑，开始一一回复客户和公司的邮件，不停地打电话答复分公司的问询。最后一个电话结束，已经11点了。她请假一小会儿，匆忙赶往机场接同学。

到了机场，小王庆幸还好，刚晚10分钟。但是，询问得知，同学坐的飞机晚点了。她等到12点才见到同学，一起吃饭。这顿饭小王吃得有点心不在焉，因为14：30要和客户见面，所以小王一边吃饭一边打电话和客户约定地点。

14：00点跟同学告别，赶到约定地点。因为花粉过敏，小王和客户约见的时候一个劲儿打喷嚏，非常狼狈。结束后，小王回到公司，刚刚坐定，想写工作计划，银行就打电话来催她办事了。

小王赶到银行，银行突然需加一份文件，气得她跟银行工作人员理论了半天。她返回公司时马上就要下班了，她觉得太累了，不想再写那份计划书了，决定整理已拖了几个星期的文件。18：00跟先生约会吃晚饭时，小王困得不断打哈欠。回到家，她不得不泡了杯浓浓的咖啡，继续完成工作计划。

我们再来看看小李是怎么做的。

小李在前一天晚上就把今天要做的重要的事情在脑海里过了一遍。准时上班后，先给各分公司打电话，请他们将相关材料通过电子邮件传送过来，并且告知上午不再接受他们的其他询问，下午她会给予答复。然后给客户打电话约时间、地点。再给机场打电话，确定班机到达时间。最后给银行打电话，确定相关手续及要准备的材料。

打完各种电话后，小李抓紧写工作计划，因为前一周已经零星写得差不多了，所以很快完成，并传给了上司。中间除了几个要接的电话，其他工作全部暂停。11:00 离开公司时顺便拿上了到银行的所有资料。

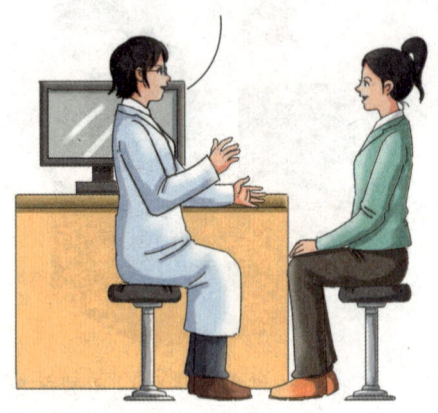

因为知道飞机晚点，所以，小李先去医院看花粉过敏症。从医院出来，直接到机场接同学，在酒店和同学吃了一个快乐的怀旧午餐，然后直接到旁边的咖啡店和客户谈事情。

告别客户后,小李直接去银行办事。回到公司,将上午各分公司的事务集中处理完结。17:30,小李接到先生打来的电话,到洗手间把自己重新打扮一番,漂漂亮亮地约会,过了一个有情调的纪念日。

从小王和小李的故事中,我们不难得出结论:要想快速高效地解决问题,实现组织和个人的目标,方法就比什么都重要。如果方法不对,结果就只能是费力不讨好。因此,找对方法是高效解决问题的关键。这是任何组织能够成为行业领先者并获得持续增长的核心原则,也是任何个人能取得突出业绩与卓越成就的关键因素。

做人不要太死板

做生意靠推销，做人也靠推销

有自我推销意识的人，绝对不会被动地听从命运的摆布，而是主动地去把握自己的命运，当自己命运的主人。

此乃无价宝！

这把琴的价值在哪呢？

初唐诗人陈子昂，出身于蜀郡的士族家庭。为了推销自己，谋求发展，他到都城长安，一住就是十年，许是漂在长安的才子太多，十年间，陈子昂一直默默无闻。这一年，长安的闹市上来了一个卖胡琴的，要白银千两，他每天都抱着琴叫卖。一传十十传百，整个长安城都知道有这么个卖琴的人。

PART 11　没有办不到的事，只有不会变通的人　197

我住在宜阳里，明天早晨我准备好酒，专门恭候诸位，诸位还可以邀请亲人朋友一起来。

当然！这是把好琴，能弹天籁之音，我又最善于弹奏这件乐器！

一把琴，真的值这么多银子吗？

你能弹给我们听听吗？看看有何出众之处！

陈子昂

　　一天，陈子昂突然从人群里走出来，当着大家的面说："我出一千两银子，这把琴我买下了。"大家都很惊讶，认为这把琴不值那么多钱。陈子昂回答说，自己能用这把琴弹出天籁之音。

蜀郡人陈子昂有诗文好几百轴，跑到京城来，如明珠蒙尘，得不到人们的认可。这件乐器不是什么值钱的东西，怎么值得我放在心上？

　　第二天早晨，陈宅来了很多人，有很多是当时很有名望的人。等大家落座，陈子昂捧出胡琴，对客人们解释后，把胡琴举过头顶，重重地摔在地上。接着，他把自己的文章取出来，摆了两大案子，分别赠送给客人。一天之内，他便名满京都，成了无人不知无人不晓的大文人了。

推销自己的现象无时不在、无处不在，上至国家元首，下至平民百姓，无一不需要推销。日本著名推销家齐藤竹之助在介绍销售经验时说："人们无论是什么工作，实际上都是在进行自我推销，不管你是什么人，从事何种工作，无论你的愿望是什么，若要达到你的目的，就要具备向别人进行自我推销的能力，只有通过显示自己，也就是通过自我推销，才能达到目的。实际上每个人都是推销员。"

三十六计，"走"为上策

曾国藩兄弟镇压太平天国运动，攻下金陵之后，声望如日中天，达到极盛。曾国藩被封为一等侯爵，世袭罔替，所有湘军大小将领及有功人员，莫不论功行赏。但是树大招风，朝廷的猜忌与朝臣的妒忌随之而来。颇有心计的曾国藩应对从容。

长江三千里，几无一船不张鄙人之旗帜，外间疑敝处兵权过重，权力过大，盖谓四省厘金，络绎输送，各处兵将，一呼百诺，其相疑者良非无因……

谨遵兄令！

曾国藩马上就采取了一个裁军之计。不等朝廷的防范措施下来，就先来了一个自我裁军。可以说，曾国藩的处世哲学深得老庄之道的精髓。

正所谓"好汉不吃眼前亏"，惹不起总能躲得起，在自己的力量远不如对手的力量时，不要和对手硬拼，否则就是以卵击石、自取失败，应该采取"走"的策略，避开是非，另开新路。

躲开并不仅仅是面对对手的选择，在人生的旅途中，会面临很多需要躲开的时候，暂时离开不利于自己发展的环境，是为了在下一个阶段，前进得更快。

勇敢站出来，不做沉默的大多数

真要被拒绝，就当是一次锻炼好了！

条件这么苛刻，难怪没有人敢贸然应聘。

××公司

小杜

招聘 20 名业务代表
要求名校毕业
要求有 3 年以上从事零售业的工作经验
……

　　高中毕业生小杜兴冲冲地抱着简历参加人才交流会。整个会场人如潮涌，唯有××公司的展台前冷冷清清。小杜好奇地走过去，看到招聘启事上的内容，当即吓了一跳。小杜揣摩了一番，虽然自己没一条够得上招聘标准，可业务代表的工作对她却很具吸引力。她心一横，决定试一试。

小杜走到应聘席前,招聘主管看了她一眼,面无表情地开始提问,小杜一一作答。说完,就把自己的简历递了过去,那位主管竟然没有拒绝。第二天,小杜接到了录用通知。后来她才知道,那些苛刻的招聘条件只不过是公司故意设置的门槛罢了,其实当她和主管谈完话之后,她就已经通过了公司的两项测试:勇于挑战的信心和勇气以及分析问题的能力。

　　作为一名业务代表,每天都得与形形色色的商家打交道,如果小杜没有信心去敲这家公司的门,如果她和其他的大多数人一样选择沉默,选择望而生畏,她又怎能最终得到那个施展自己的机会,又岂能有勇气去敲各个商家的大门?

　　自信与勇气,是一个成功者必备的优秀品质。任何时候,当人们都在观望而不敢向前的时候,我们更应该鼓起勇气,展现自信,不做沉默的大多数。

PART 12
人生最怕自己框住自己

发散思维，变通为用
树立雄心，突破生命困境

⑤离家远了,要是天热了怎么办？要是下雨了怎么办啊？

⑥要是这样，那你就躲到你的那个硬壳里好好睡觉吧！

③不！你们要到很远的地方去，我不能跟你们一起去。

④为什么啊？走不动吗？

①蚂蚁老弟，我真羡慕你们啊！

②来，朋友，咱们一起干活吧！

　　一棵干枯的桑树上住着一只蜗牛，这只蜗牛自出生以来就一直住在这棵树上。一天，风和日丽，蜗牛小心翼翼地伸出头来看了看，慢吞吞地爬到地面上，把身子从硬壳里伸到外面懒洋洋地晒太阳。这时，一群蚂蚁正在紧张地劳动。看见蚂蚁在阳光下来回走动的样子，蜗牛不觉有些羡慕起来。

啊！太可怕了！

对于蚂蚁的话，蜗牛倒也不怎么在乎。不过，蜗牛实在想到远处看看。深思熟虑之后，蜗牛终于大着胆子把身子从硬壳里伸了出来。正在这时，几片树叶落在地上，发出轻微的响声。蜗牛吓得像遭遇了雷击一样，一下子就把身子缩回硬壳里去了。

唉！我真羡慕它们啊！可惜我不能和它们一起走。

过了好久，蜗牛才小心翼翼地把头伸到外面，外面仍然像先前一样的晴朗和宁静，并没有发生什么事情。只是蚂蚁已经走得很远了，看不见了。蜗牛悠悠地叹了一口气，依旧懒洋洋地晒太阳。

蜗牛的壳是保护自己的最重要的盾牌，也是它最恋恋不舍的家，然而也正是这个家，绊住了它前进的脚步。

人类的心理有时和蜗牛的心理差不多，总是喜欢安于现状，对于突破自我可能遇到的困难总是下意识地逃避，就好像手碰到火、触到电会缩回去一样。但是人生的某些挫折并不会因为你的逃避而消失，相反，它还会因为你的逃避而由意识变为潜意识，再不知不觉地由潜意识变成无意识，最终它会一辈子跟随你，使你逐渐地步入人生的荒漠。

每个人都需要一颗渴望成功的心

本·霍根是职业高尔夫球运动员。不过，在他的巅峰时期，不幸遭遇了一场车祸。在一个有雾的早晨，他跟太太开车行驶在公路上时，不幸跟一辆迎面驶来的巴士相撞。他本能地把身体挡在太太前面保护她。这个举动反而救了他，因为方向盘深深地嵌入了驾驶座。

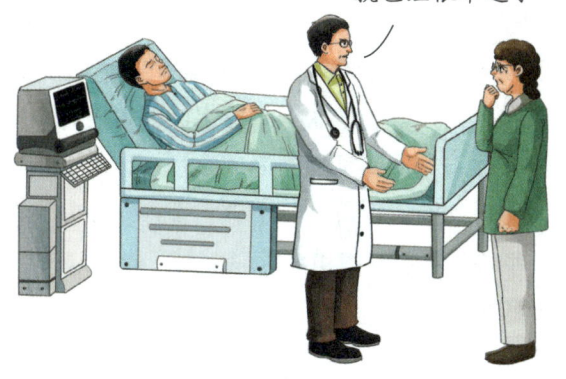

事后，本·霍根昏迷不醒，过了好几天才脱离险境。医生认为他的高尔夫生涯从此结束了。

但是，医生忽略了本·霍根的坚毅、决心，特别是追求成功的强烈愿望。他刚能站起来走几步，就不停地练习，增强臂力。他始终保留高尔夫俱乐部会员的资格。起初他还站得不稳，再次回到球场时，也只能在高尔夫球场蹒跚而行。后来他稍微能工作、走路，就到高尔夫球场练习。开始时只能打几球，但他每次去都比上次多打几球。最后，当他重新参加比赛时，名次很快升上去了。

戴尔·卡耐基说:"欲望是开拓命运的力量,有了强烈的欲望,就容易成功。"成功是努力的结果,而努力又大都产生于强烈的欲望。正因为这样,强烈的创富欲望,便成了成功创富最基本的条件。

人类的一项重大发现,就是认识到思想能够控制行动。你怎样思考,你就会怎样去行动。你要是强烈渴望致富,你就会调动自己的一切能量去创富,使自己的一切行动、情感、个性、才能与创富的欲望相吻合。对于一些与创富的欲望相冲突的东西,你会竭尽全力去克服;对于有助于创富的东西,你会竭尽全力地去扶植。这样,经过长期的努力,你便会成为一个创富者,使创富的愿望变成现实。相反,要是你创富的愿望不强烈,一遇到挫折,便会偃旗息鼓,将创富的愿望压抑下去。

保持一颗持久的渴望成功的心,你就能获得成功。

大成功来自高层次的自我驱动

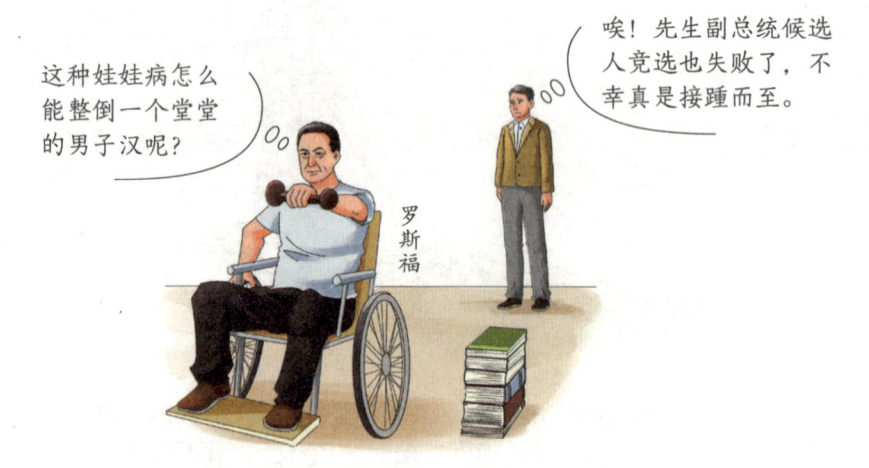

1921年,39岁的美国人富兰克林·罗斯福患上脊髓灰质炎症,双腿僵直,肌肉萎缩,臀部以下完全麻木了。这个沉重的打击发生在他政治上的竞选失败以后,他周围的人都陷入极度失望之中,医生也说他能保住性命就已是万幸。但他没有放弃理想和信念,一直坚持不懈地锻炼,试图恢复行走和站立能力。

为了锻炼意志，罗斯福把家里的人都叫来看他与刚学会走路的儿子的比赛。他爬得气喘吁吁，汗如雨下……目睹那催人泪下的场面时，谁也没想到十余年以后，他奇迹般地当选为美国总统，坐着轮椅进入白宫。

一个人能取得多大的成功，不是取决于才能的高低，而是取决于他的眼界、心态和自我驱动力。

首先，眼界决定了格局。成大事的人总是目光长远，而目光短浅的人则局限于眼前。其次，心态决定了高度。一个人的成功标志不是看他达到的高度，而是看他跌入低谷时的反弹力。最后，自我驱动力决定了成就。真正成功的人，无论遇到多少风雨，都能保持对生活的热爱和激情，不断挑战自我，主动追求目标，最终实现自我价值。

像罗斯福这样不断超越自我、最终实现人生价值的例子还有很多，他们都是从不可能开始，凭借自我驱动力，最终获得成功。

突破常规，灵活变通
执着不一定是好事

它本是可以长途奔跑的宝马良驹，现在却因为没有遇到伯乐而默默无闻地拖着货车，慢慢地消耗它的锐气和体力，实在可惜！

这世间到底还有多少千里马被庸人所埋没呢？

孙阳

　　春秋时期的孙阳是相马的专家，一眼就能看出马的好坏，人们称他为伯乐。一天，孙阳外出，一匹拖着货物的老马突然在他面前停下。孙阳摸了摸马背，断定是匹千里马，只是年龄稍大了点。老马专注地看着孙阳，眼神充满了期待和无奈。孙阳深有感触，想让更多的人学会相马，决定把自己多年积累的相马经验和知识写成一本书。

PART 12 人生最怕自己框住自己 209

> 父亲，我找到您写的"高脑门，大眼睛"的千里马了，就是不符合"蹄子像摞起来的酒曲块"的特征！

> 你这"千里马"爱跳，没办法骑呀！

相马经

　　孙阳的《相马经》写成了，他的儿子看了父亲的书，以为相马很容易，就拿着书到处找好马。他按照书上所画的图形去找，没有找到。又按书中所写的特征去找，终于在野外发现一只癞蛤蟆，与父亲在书中写的千里马的特征非常像，便兴奋地把癞蛤蟆带回家。孙阳看了看儿子手里的癞蛤蟆，不由感到又好气又好笑。

　　执着是一种很好的品质，但有的时候并不一定是好事。无论是做人，还是做事，都要学会变通。因为，只有变通才会找到方法，才会获得一条捷径。孙阳的儿子机械地照书本办事，不知变通，闹出了笑话。

想改变命运，先改变自己

绿草如茵的草地上，住着一群羊，还住着一群狼。对这群羊来说，狼吃羊是天经地义的事，每隔几天总有些羊被吃掉。日子就这样过下去。

一只叫奥托的羊不甘心看着众羊逐渐被吃掉，于是它去问其他羊。经过不断地询问、收集资料以及深入思索研究，奥托终于明白，通过努力它们就可以改变被吃掉的命运。于是，它把自己的梦想告诉了所有羊。

不管狼有多强大,我们永远都不会被打倒!

在奥托的带领下,所有的羊共同行动、努力学习,尽可能快跑,还根据每到雨季狼不来吃羊的现象,找出狼不会游水的特性,又在居住地周围挖出一条护城河,筑起堤坝。现在,在绿草如茵的家园,这群羊过着幸福快乐的日子。

生活不如意的人,总会认为自己的命不好。其实,命运何尝厚此薄彼,每个人的命运都掌握在自己手中。你只要充分发挥自己的主观能动性,主动改变自己,那么你的命运就会随之改变。